安全生产知识百点通丛书

安全事故应急自救互救知识百点通

主　编　赵　旭　连芳菲
副主编　熊伟东　毛　颖　孙　浩

中国劳动社会保障出版社

图书在版编目（**CIP**）数据

安全事故应急自救互救知识百点通 / 赵旭，连芳菲主编 . -- 北京 : 中国劳动社会保障出版社，2024
（安全生产知识百点通丛书）
ISBN 978-7-5167-6469-5

Ⅰ. ①安… Ⅱ. ①赵…②连… Ⅲ. ①安全事故 - 应急对策 - 自救互救 - 基本知识 Ⅳ. ①X928 ②X4

中国国家版本馆 CIP 数据核字（2024）第 094106 号

中国劳动社会保障出版社出版发行
（北京市惠新东街 1 号 邮政编码：100029）
*
河北宝昌佳彩印刷有限公司印刷装订 新华书店经销
880 毫米 ×1230 毫米 32 开本 5.375 印张 121 千字
2024 年 9 月第 1 版 2024 年 9 月第 1 次印刷
定价：18.00 元

营销中心电话：400-606-6496
出版社网址：http://www.class.com.cn

“安全生产知识百点通丛书”
编委会

内容简介

本书是“安全生产知识百点通丛书”之一，以问答的形式列举了广大职工在从事生产作业过程中必备的事故应急自救与互救的相关知识。主要内容包括：现场应急救护概述、应急事件救护技能、常见生产安全事故应急救护、突发意外事件及自然灾害应急救护。

本书选题典型、通俗易懂，文字简洁，版式设计新颖且活泼，配以原创漫画插图，生动直观。可供政府相关主管部门及用人单位作为应急救援知识宣传和培训的参考用书。同时，也适用于普及提高广大基层现场职工现场救援基本技能和事故应急知识。

目　录

一、现场应急救护概述

1. 应急自救互救的意义是什么?

应急救援工作中的重要任务是对事故的及时处理和对人员的及时救护。在现场应急救护中，人们常常将抢救危重急症、意外伤害伤员的任务寄托于医院和专业的医护人员，缺乏对现场救护伤员的重要性和可实施性的认识。这种传统的观念，往往使处在生死之际的伤员丧失最宝贵的“救命的黄金时刻”。

现场应急救护是指在事发现场，对伤员实施及时、有效的初步救护，是立足于现场的抢救。多数伤害事故发生后的几分钟，是抢救危重伤员最重要的时刻，医学上称之为“救命的黄金时刻”。在此时间内，若能及时、正确地抢救，生命有可能被挽救；反之，则会增加生命丧失或伤情加重的可能。现场及时、正确的急救措施，能够为医院救治创造条件，最大限度地挽救伤员的生命和减轻伤残。然后，可在医疗救护下或运用现代救援服务系统，将伤员迅速送到附近的医疗机构，继续进行救治。

对于企业员工，学习和了解基本的自救互救常识非常必要，这对实施有效的救援，进而减轻事故后果具有重要意义。在发生事故的紧急情况下，各种复杂问题都会出现，即使是专业的医护人员，救护的原则与在医院里也大有不同。人们应学习和了解应急救援中的基本原则和步骤，以便掌握有效的方法，实施救援。

紧急情况下的自救互救能力能够保障个体的生命安全和身体健康，当发生自然灾害、事故、火灾等紧急情况时，有助于个体做出正确的判断和快速的反应，采取适当的自救互救措施，降低伤害和风险。

2. 应急自救互救的范围包括什么？

突发事件的应急避险和自我保护是保障个体安全的关键能力。在面对火灾、地震、洪水、爆炸等突发事件时，能够迅速判断形势并采取适当的行动至关重要。由于突发事件的不可预测性，每个人都有责任掌握必要的应急自救互救知识，以应对紧急情况。应急自救互救的范围包括以下几个部分：

（1）突发事件的应急逃生和自我保护。当突发事件发生时，人们需要迅速判断形势，并采取适当的行动，如安全撤离、寻找避难点、规避危险区域等。

（2）紧急救援与报警。紧急情况下，及时救援与报警是非常关键的。应急自救互救意味着能够正确判断紧急情况的严重程度，并采取适当的行动来寻求外部帮助，包括拨打求助电话，同时要提供详细准确的信息和指示，以便救援人员能够快速到达现场。

（3）急救和伤病处理。在事故或疾病突发时，个体需要具备一定的急救知识和技能，能够给予伤病员提供基本的急救措施，如止血、心肺复苏等。

（4）生活必需品和物资的互相支援。在紧急情况下，如自然灾害或其他突发事件，人们需要互相提供必需品和物资，如食物、水、药品、灯具、毛毯等。

（5）心理支持和互相安抚。在突发事件中，很多人会有心理压力和焦虑情绪。人们互相之间可以提供心理支持，安抚他人的情绪，减少恐慌和紧张感。

（6）协作和合作应对紧急情况。在突发事件中，人们需要协同合作，共同应对挑战。这包括合理分工、互相协作、共享资源等，以便最大限度地减少灾害损失。

在面对突发事件时，个体需要展现出应急避险和自我保护的能力，同时也需要进行紧急救援与报警呼救，以及具备急救和伤病处理的技能，以最大限度减少突发事件的伤害。此外，互相支持和互相合作也是在紧急情况中保持冷静和应对挑战的重要因素。只有通过共同努力和协作，才能在突发事件中更好地保护自己和他人的安全。因此，应该在平时积极学习与掌握相关知识和技能，以应对可能的突发事件。

3. 应急自救互救的基本原则是什么?

掌握及时有效的急救措施和救援技术可以最大限度地减少伤员的痛苦，降低致残率、减少死亡率，为医院抢救打好基础。因此，急救时应遵循以下原则：

（1）先人后物原则

先抢救人员，后抢救财物，一切以人的生命安全为主，尽早脱离危险地点。

（2）先抢后救原则

使处于危险境地的伤员尽快脱离险境，转移至安全地区再进行救治。

（3）先复后固的原则

遇有心搏呼吸骤停又有骨折者，应首先用心肺复苏术使其心、肺、脑复苏，心搏呼吸恢复后，再进行骨折处的固定。

（4）先止后包的原则

遇到大出血又有创口者时，首先应立即用指压、止血带或药物等方法止血，然后再消毒，并对创口进行包扎。

（5）先重后轻的原则

先重后轻是指同时遇到危重的和伤势较轻的伤员时，应优先抢救危重者，后抢救伤势较轻的伤员。

（6）先救后送的原则

发现伤员时，应先救后送。先对伤员进行抢救，再将伤员送往医院。在送伤员到医院途中，不要停止抢救措施，持续观察伤者伤势变化，减少颠簸，注意保暖，尽快安全抵达最近医院。

（7）急救与求助并重的原则

在遇到突发事件现场有大量伤员、现场还有其他参与急救的人员时，要快速而镇定地分工合作，急救和求助可同时进行，以争取救援人员尽快到来。

（8）搬运与急救一致性的原则

运送危重伤员时，应与急救工作协调一致，争取时间，在途中应持续进行抢救工作，减少伤员的痛苦和死亡，安全到达目的地。

知识学习

在进行应急自救互救时需要注意以下情况：

（1）如果在危险化学品事故现场，无论伤员还是救援人员都需要进行适当的防护。特别是将伤者从严重污染的场所救出时，救援人员必须做好个人防护，以免成为新的受害者。

（2）避免直接接触伤员的体液。

（3）使用防护手套，若皮肤被损伤，应用防水胶布贴住自己损伤的皮肤。

（4）急救前和急救后都要洗手，眼、口、鼻或者任何皮肤损伤处一旦溅有伤员的血液，应尽快用消毒液和水清洗，立即就医。

（5）进行口对口人工呼吸时，尽量使用人工呼吸面罩。

4. 事故现场应急自救互救的基本要求是什么?

在事故现场，我们应知道应急自救互救的基本要求。在遵守相关要求和原则的基础上才能更好地保障人员生命财产安全。在事故现场应急自救互救的基本要求主要有以下几点：

（1）确保自身安全

在事故现场，首要任务是确保自身安全。迅速评估风险，避免进入危险区域，尽量远离火源及危险化学品。

（2）寻找安全通道

尽快找到安全通道，避免拥堵和混乱。按照指示牌和标志指定的路线迅速撤离事故现场。

（3）拨打求助电话

及时拨打求助电话，如火警电话、医疗救援电话等，向相关部门报告事故情况，并提供准确的位置信息和事件描述。

（4）佩戴个体防护装备

根据需要，佩戴个体防护装备，如安全帽、防护眼镜、防护手套等，或寻找附近可利用之物进行个体防护，以保护自身安全。

（5）互相协助和合作

在事故现场，互相协助和合作是关键。如果有人受伤或处于危险中，应尽力救助。

（6）提供紧急救援

如果具备相应救护技能，可以提供紧急救援，如心肺复苏、止血等。但要注意自身的安全和能力，避免危及自己和他人。

（7）听从指挥

在事故现场，要听从指挥并遵循相关应急救援人员的指示。遵守现场管理要求，配合疏散和救援工作。

5. 事故现场急救的基本步骤是什么？

当事故发生后，参与现场救护的人员要沉着、冷静，切忌惊慌失措。时间就是生命，应尽快对中毒或受伤人员进行认真仔细的检查，确定伤情。检查内容包括意识、呼吸、脉搏、血压、瞳孔是否正常，有无出血、休克、外伤、烧伤的情况，是否伴有其他损伤等。

总体来说，事故现场急救应按照紧急呼救、判断伤情和现场救护三大步骤进行。

（1）紧急呼救

当在事故现场发现了危重伤员，经过现场评估和病情判断后应立即施救，同时立即向紧急医疗服务系统（EMSS）或附近担负院外急救任务的医疗部门、社区卫生单位报告，常用的急救电话为“120”和“999”。急救机构应立即派出专业救护人员、救护车至现场抢救。

紧急呼救主要有以下 3 个步骤：

1）救护启动。救护启动即呼救系统的开始。呼救系统的畅通，在国际上被列为抢救危重伤员的生命链中的第一环。有效的呼救系统，对保障危重伤员获得及时救治至关重要。

使用无线电和电话呼救。通常在急救中心配备有经过专门训练的话务员，能够对呼救作出迅速适当的应答，并能把电话接到适合的急救机构。城市呼救网络系统的“通信指挥中心”全天候接听所有的医疗（包括灾难）急救电话，根据伤员所处的位置和病情，指定就近的急救站去抢救伤员。这样可以大大节省时间，提高效率，便于伤员救护和转运。

2）急救电话须知。事故发生时，须紧急呼救，最常使用的是急救电话。使用急救电话时必须用最精练、准确、清楚的语言说明伤员目前的情况及严重程度，伤员的人数及存在的危险，需要何类急救。如果不清楚准确地点，不要惊慌，因为紧急医疗服务系统控制室可以通过地球卫星定位系统追踪其正确位置。

一般应简要、清楚地说明以下几点：

①你（报告人）的电话号码与姓名，伤员姓名、性别、年龄和联系电话；

②伤员所在的确切地点，尽可能指出附近街道的交汇处或其他显著标志；

③伤员目前最危重的情况，如晕倒、呼吸困难、大出血等；

④在发生灾害等突发事件时，说明伤害性质、严重程度、伤员的人数；

⑤现场所采取的救护措施。

注意，不要先放下话筒，要等紧急医疗服务系统调度人员先挂断电话。

3）单人及多人呼救。在专业急救人员尚未到达时，如果有多人在现场，应有一名救护人员留在伤员身边开展救护，其他人立即通知医疗急救部门。如遇伤害事故，要分配好救护人员各自的工作，分秒必争、组织有序地实施伤员的寻找、脱险、医疗救护工作。

在伤员心搏骤停的情况下，为挽救生命，抓住“救命的黄金时刻”，应立即进行心肺复苏，然后迅速拨打电话。对于任何年龄的外伤或呼吸暂停伤员，救护人员到达前接受心肺复苏是非常必要的。

（2）判断伤情

救护人员在现场观察后对伤员进行最初评估。尤其是处在情况复杂的现场，救护人员在发现伤员后，需要首先确认并立即处理威胁生命的情况，检查伤员的意识、呼吸道、呼吸、循环体征等。伤员情况评估的方法在后面的内容中有详细的叙述。

当完成现场评估后，要对伤员的头部、颈部、胸部、腹部、盆腔和脊柱、四肢进行检查，看有无开放性损伤、骨折畸形、触痛、肿胀等体征，有助于对伤员的伤情判断。

（3）现场救护

事故现场一般都很混乱，组织指挥特别重要，应快速组成临时现场救护小组，统一指挥，加强事故现场一线救护，这是保证抢救成功的关键措施之一。

事故发生后，应避免慌乱，尽可能缩短受伤至抢救的时间，抢救时善于利用现有的先进科技手段，体现“立体救护、快速反应”的救护原则，提高救护的成功率。

第一目击者及所有救护人员，应牢记现场对垂危伤员抢救生命的首要目的是“救命”。根据伤员不同的受伤情况，现场救护手段通常包括纠正体位、人工呼吸、胸外心脏按压、紧急止血、其他检查与措施等。

1）采取正确的救护体位。对于意识不清者，取仰卧位或侧卧位，便于心肺复苏操作及评估心肺复苏效果。在可能的情况下，需将伤员翻转为仰卧位（心肺复苏体位）并将其放在坚硬的平面上，救护人员要在检查后，尽快进行心肺复苏。

若伤员没有意识但有呼吸和脉搏，为了防止其呼吸道被舌后坠或唾液及呕吐物阻塞引起窒息，应对伤员采用侧卧位（复原卧式位），唾液等容易从口中引流。体位应保持稳定，易于伤员翻转，保持利于观察和通畅的气道。每30分钟，翻转伤员到另一侧。

注意不要随意移动伤员，以免造成伤害。不要用力拖拉伤员，不要搬动或摇动已确定有头部或颈部外伤者。有颈部外伤者在翻身时，为防止颈椎再次损伤引起截瘫，应保持伤员头、颈部与身体同一轴线翻转，并做好头、颈部的固定。

2）人工呼吸。首先检查呼吸，救护人员将伤员气道打开，利用耳听、眼看、皮肤感觉，在5秒时间内，判断伤员有无呼吸。侧头用耳听伤员口鼻的呼吸声（一听），用眼看胸部或上腹部随呼吸而上下起伏（二看），用面颊感觉呼吸气流（三感觉）。

如果胸廓没有起伏，并且没有气体呼出，伤员即不存在呼吸，这一评估过程不超过 10 秒。救护人员经检查后，判断伤员呼吸停止，应在现场立即给予口对口（口对鼻、口对口鼻）、口对呼吸面罩等人工呼吸救护措施，具体实施步骤在本书后续有详细描述。

3）心脏按压。判断心跳（脉搏）应选大动脉测定脉搏有无搏动。可以通过触碰人体的几处动脉来判断伤员的心跳是否正常，具体如下：

①颈动脉。用一只手食指和中指置于颈中部（甲状软骨）中线，手指从颈中线滑向甲状软骨和胸锁乳突肌之间的凹陷，稍加力度可触摸到颈动脉的搏动。

②肱动脉。肱动脉位于上臂内侧，肘和肩之间，稍加力度检查是否有搏动。

③检查颈动脉不可用力压迫，避免刺激颈动脉窦使迷走神经兴奋，并且不可同时触摸双侧颈动脉，以防阻断脑部血液供应。

整个判断流程应在 5 ~ 10 秒内完成。救护人员判断伤员已无脉搏搏动，或在危急中不能判明心跳是否停止，脉搏也摸不

清，不要反复检查耽误时间，而要在现场进行心脏按压等方法及时救护。心脏按压具体实施步骤在本书后续有详细描述。

4）紧急止血。救护人员要注意检查伤员有无严重出血的伤口，如有出血，要立即采取止血救护措施，避免因大出血造成休克甚至死亡。

5）局部检查。对于伤员的检查，首先要处理危及生命的全身症状，然后再做局部处理。要从头部、颈部、胸部、腹部、背部、骨盆、四肢各部位进行检查，检查出血、骨折、脏器脱出和皮肤感觉丧失等。

首批进入现场的医护人员应对伤员及时分类，做好转运前的医疗处置，救护人员可协助运送，使伤员能得到及时救治。而且在运送途中要保证对危重伤员进行不间断的抢救，对某些特殊事故伤害的伤员应送专科医院。

6. 如何划分事故现场急救区？

（1）现场伤员急救的分类卡通常分以下4类：

1）第Ⅰ急救区（红色）。危及生命及肢体的危重伤员，随时有死亡的可能，作为第一优先处理。

2）第Ⅱ急救区（黄色）。重伤员，需尽快接受治疗，但可在短时间内暂不处理，不危及生命，作为第二优先处理。

3）第Ⅲ急救区（绿色）。非重伤员，在第Ⅰ、第Ⅱ类伤员处理后再进行处理，伤员需要检查与治疗，但时间不是关键因素。

4）第Ⅳ急救区（黑色）。死亡人员，来诊时已经死亡。可暂不处理或放置在特定的房间，以免影响其他伤员的抢救。

分类卡有颜色的区别，由急救系统统一印制。背面有简要的病情说明，随伤员携带。此卡常被挂在伤员左胸的衣服上。

如没有现成的分类卡，可临时用硬纸片自制。

（2）如现场伤员数量较多，应分4个区，以便有条不紊地进行抢救。

1）收容区。伤员集中区，在此区给伤员挂上分类卡，并提供必要的紧急救治工作。

2）急救区。用以接收第Ⅰ优先和第Ⅱ优先伤员，在此区域进行进一步抢救工作，如对休克、呼吸与心搏骤停者进行心肺复苏。

3）后送区。这个区内接收能自己行走或较轻的伤员。

4）太平区。停放已死亡者。

7. 如何进行事故现场伤员评估？

伤员的意识、呼吸、瞳孔等表象是判断伤势轻重的重要标志。进行事故现场伤者评估时需要从以下几方面考虑：

（1）意识

先判断伤员神志是否清醒。在呼唤、轻拍、推动时，伤员会睁眼或有肢体动作，表明伤员有意识。如伤员对上述刺激无反应，则表明意识丧失，已陷入危重状态。

（2）气道

呼吸必要的条件是保持气道畅通。如伤员有反应但不能说话、不能咳嗽、憋气，可能存在气道梗阻，必须立即检查、清除，应侧卧位清除口腔异物。

（3）呼吸

正常人每分钟呼吸12～18次，危重伤员呼吸变快、变浅乃至不规律，呈叹息状。在气道畅通后，应对无反应的伤员进行呼吸检查，如伤员呼吸停止，应保持气道通畅，立即施行人工呼吸。

（4）循环体征

在检查伤员意识、气道、呼吸之后，应对伤员的体内循环进行检查。可以通过检查循环体征如呼吸、咳嗽、运动、皮肤颜色、脉搏情况进行判断。

成人正常心律为每分钟 60 ~ 80 次。一般情况下，呼吸停止，心搏也随之停止；或者心搏停止，呼吸也随之停止。心搏反映在手腕的桡动脉、颈部的颈动脉处，二者比较容易接触到。

如果伤员心律失常，或者有严重的创伤、大出血等时，心律加快，超过每分钟 100 次；或减慢，每分钟 40 ~ 50 次；或不规律，忽快忽慢，忽强忽弱。这些症状均为心脏呼救的信号，应引起重视。如伤员面色苍白或青紫，口唇、指甲发绀，皮肤发冷等，可知皮肤循环和氧代谢情况不佳。

（5）瞳孔反应

眼睛的瞳孔又称“瞳仁”，位于黑眼球中央。正常时双眼的瞳孔是等大圆形的，遇到强光会迅速缩小，很快又恢复原状。用手电筒突然照射一下瞳孔即可观察到瞳孔的反应。当伤员脑部受伤、脑出血、严重药物中毒时，瞳孔可能缩小为针尖大小，也可能扩大到黑眼球边缘，对光线没有反应或反应迟钝。有时因为出现脑水肿或脑疝，使双眼瞳孔一大一小。瞳孔的变化表示脑伤情的严重度。

当完成现场评估后，再对伤员的头部、颈部、胸部、腹部、盆腔和脊柱、四肢进行检查，看有无开放性损伤、骨折畸形、触痛、肿胀等体征，这些有助于伤员的伤情判断。

此外，还要注意伤员的总体情况，如表情淡漠不语、冷汗口渴、呼吸急促、肢体不能活动等现象为伤情危重的表现，对外伤伤员应观察神志不清程度、呼吸次数和强弱、脉搏次数和强弱。还要注意检查有无活动性出血，如有，应立即止血。严重的胸腹部损伤容易引起休克、昏迷甚至死亡。

8. 如何对事故现场伤员分类?

如果发生伤员数量多、伤情复杂、危重伤员多的重特大事故，急救和后运常出现四大矛盾：急救技术力量不足与伤员需要抢救的矛盾；急救物资短缺与需求量的矛盾；重伤员与轻伤员均需救治的矛盾；轻重伤员都需后运的矛盾。解决这些矛盾的办法就是对伤员进行分类。伤员分类是事故现场急救工作的重要组成部分，做好伤员分类工作，可以保证充分地发挥人力、物力的作用，使需要急救的轻重伤员各取所需、急救和后运工作有条不紊地进行。

事故现场急救分类的重要意义是集中目标，提高效率。将现场有限的人力、物力和时间，用在抢救有存活希望者的身上，提高伤员的存活率，降低死亡率。

（1）事故现场伤员分类的要求

事故现场伤员分类工作是在特别困难和紧急的情况下，一边抢救一边分类的。在这种情况下，要做好以下几点：

1）分类应由经过训练、经验丰富、有组织能力的技术人员承担。

2）分类应按照先危后重、再轻后少（伤害少）的原则进行。

3）分类应快速、准确、无误。

（2）现场伤员分类的判断

现场伤员分类是以决定优先急救对象为前提的，首先根据伤情来判定。

1）呼吸是否停止。用看、听、感来判定。

①看。看是通过观察胸廓的起伏，或用棉毛贴在伤员的鼻翼上，看有否摆动。如吸气胸廓上提，呼气下降或棉毛有摆动即是呼吸正常，反之，则呼吸已停。

②听。听是侧头用耳尽量接近伤员的鼻部，去听有否气体交换。

③感。感是在听的同时，用面颊感觉有无气流呼出。如感到有气体交换或气流感，说明尚有呼吸。

2）脉搏是否停止。用触、看、摸、量来检查。

①触。触桡动脉有无脉搏跳动，感受其强弱。

②看。看头部、胸腹、脊柱、四肢，有否内脏损伤、大出血、骨折等，这些都是重点判定项目。

③摸。摸颈动脉有无搏动及强弱。

④量。量收缩压是否小于 12 千帕（90 毫米汞柱）。

判定一个伤员只能在 1～2 分钟内完成。通过以上方法对伤员简单地分类，便于采取针对性急救方法。

二、应急事件救护技能

9. 如何进行心肺复苏?

事故现场对伤员进行心肺复苏非常重要。据报道，在事故现场，5 分钟内实施心肺复苏，力争 8 分钟内开始进一步生命支持，伤员存活率最高可达 43%。复苏（生命支持）每延迟 1 分钟，存活率下降 3%；除颤每延迟 1 分钟，存活率下降 4%。心肺复苏（cardio pulmonary resuscitation，CPR），是指当呼吸终止及心跳停止时，合并使用人工呼吸及胸外心脏按压进行急救的一种技术。

实施心肺复苏时，首先判断伤员呼吸、心搏，一旦判定呼吸、心搏停止，立即捶击心前区（胸骨下部）并祛除病因。应采取以下 3 个步骤进行心肺复苏。

（1）开放气道

用最短的时间，先将伤员衣领口、领带、围巾等解开，戴上手套迅速清除伤员口鼻内的污泥、土块、痰、呕吐物等异物，将气道打开。

1）仰头举颌法。救护人员将一只手的小鱼际部位置于伤员的前额并稍加用力，使其头后仰，另一只手的食指、中指其置于下颏将下颌骨上提。救护人员手指不要深压颏下软组织，以免阻塞气道。

2）仰头抬颈法。救护人员将一只手的小鱼际部位放在伤员前额，向下稍加用力使其头后仰，另一只手置于颈部并将颈部上托。无颈部外伤可用此法。

3）双下颌上提法。救护人员双手手指放在伤员下颌角，向上或向后方提起下颌；头保持正中位，不能使头后仰，不可左右扭动。此法适用于怀疑颈椎外伤的伤员。

4）手钩异物。如伤员无意识，救护人员用一只手的拇指和其他四指握住伤员舌和下颌后掰开伤员嘴并上提下颌，用另一只手的食指沿伤员口内插入，用钩取动作抠出固体异物。

（2）口对口人工呼吸

口对口人工呼吸的主要步骤为：

救护人员用压前额手的拇指、食指捏闭伤员的鼻孔，另一只手托下颌；将伤员的口张开，急救者做深呼吸，用口紧贴并包住伤员口部吹气；伤员胸部隆起方为有效；脱离伤员口部，放松捏鼻孔的拇指、食指，使伤员胸廓复原；可感觉到伤员口鼻部有气呼出；连续吹气两次，使伤员肺部充分换气。

（3）胸外心脏按压

判定心跳是否停止，可摸伤员的颈动脉有无搏动，如无搏动，立即进行胸外心脏按压。

实施心肺复苏的主要步骤如下：

用一只手的掌根按在伤员胸骨中下1/3段交界处，另一只手压在该手的手背上，双手手指均应翘起，不能平压在胸壁；双肘关节伸直，利用体重和肩臂力量垂直向下按压；使胸骨下陷4厘米，略停顿后在原位放松，手掌根不能离开心脏定位点；连续进行15次心脏按压，再口对口人工呼吸两次后按压心脏15次，如此反复。

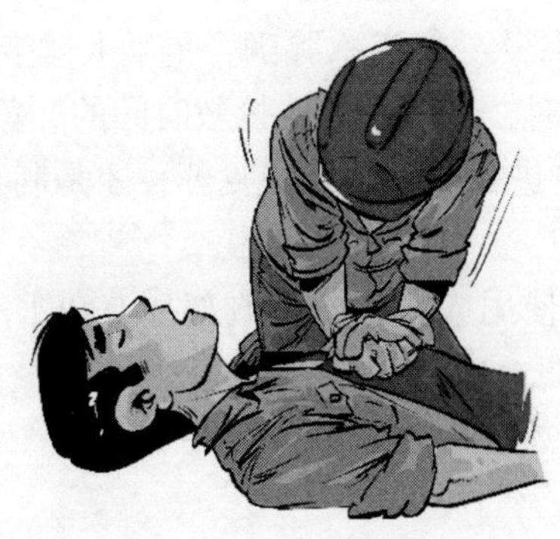

10. 如何使用自动体外除颤仪（AED）？

自动体外除颤仪（AED），学名为自动体外除颤器，是一种便携式医疗设备，可以用来诊断特定的心律失常，并且给予电击除颤，可用于非专业人员对心搏骤停伤员进行抢救。自动体外除颤仪的使用方法如下：

（1）开启 AED，打开盖子，在不影响心肺复苏操作的前提下，严格按照自动体外除颤仪的语音提示操作。

（2）撕开包装，取出贴片。

（3）将贴片贴在上胸部裸露的皮肤上。

（4）再取出一贴片，按指示贴在下胸部裸露的皮肤上。

（5）停止心肺复苏，按下 AED 的“分析”键，AED 开始分析心率，分析过程中不要触碰伤员。

（6）分析完成后，AED 会发出是否进行除颤的建议，建议除颤，AED 开始充电。

（7）远离伤员，由操作者按下放电按钮，进行电击。

（8）开始心肺复苏，进行 30 次胸外按压，然后给予 2 次人工呼吸。

（9）按照机器提示操作直至专业人员赶到。

（10）如首次除颤后伤员仍未恢复，机器会自动逐步升级电击能量，展开第二次、第三次除颤，重复上述步骤。

在心搏骤停时，只有在最佳抢救时间的“黄金 4 分钟”内，利用 AED 对伤员进行除颤和心肺复苏，才是制止猝死最有效的办法。

在水中不能使用 AED，伤员胸部如有汗水需要快速擦干胸部，因为水会降低 AED 功效。

11. 如何有效止血？

外伤出血分为内出血和外出血。内出血需要到医院救治，外出血是现场急救的重点。出血分为动脉出血、静脉出血及毛细血管出血。动脉出血时，血色鲜红，有搏动、量多、速度快；静脉出血时，血色暗红，缓慢流出；毛细血管出血时，血色鲜红，慢慢渗出。若当场可以鉴别，对选择止血方法有重要价值，但有时受现场光线等条件的限制，往往难以区分。

现场止血法常用的有 5 种，使用时要根据具体情况，可选其中的一种，也可以把几种止血法结合使用，以达到最快、最有效、最安全的止血目的。

（1）指压动脉止血法

适用于头部和四肢某些部位的大出血。方法为用手指压迫伤口近心端动脉，将动脉压向深部的骨头，阻断血液流通。这是一种不要任何器械、简便、有效的止血方法，但因为止血时间短暂，常需要与其他方法结合使用。

1）头面部指压动脉止血法

①指压颞浅动脉。适用于一侧头顶、额部、颞部的外伤大出血。在伤侧耳前，用一只手的拇指对准下颌关节压迫颞浅动脉，另一只手固定伤员头部。

②指压面动脉。适用于面部外伤大出血，用一只手的拇指和食指或拇指和中指分别压迫双侧下颌角前约 1 厘米的凹陷处，阻断面动脉血流。因为面动脉在面部有许多小支相互连通，所以必须压迫双侧。

③指压耳后动脉。适用于一侧耳后外伤大出血，用一只手的拇指压迫伤侧耳后乳突下凹陷处，阻断耳后动脉血流，另一只手固定伤员头部。

④指压枕动脉。适用于一侧头后枕骨附近外伤大出血，用一只手的四指压迫耳后与枕骨粗隆之间的凹陷处，阻断枕动脉的血流，另一只手固定伤员头部。

2）四肢指压动脉止血法

①指压肱动脉。适用于一侧肘关节以下部位的外伤大出血，用一只手的拇指压迫上臂中段内侧，阻断肱动脉血流，另一只手固定伤员手臂。

②指压桡、尺动脉。适用于手部大出血，用拇指和食指分别压迫伤侧手腕两侧的桡动脉和尺动脉，阻断血流。因为桡动脉和尺动脉在手掌部有广泛吻合支，所以，必须同时压迫双侧。

③指压指（趾）动脉。适用于手指（脚趾）大出血，用拇指和食指分别压迫手指（脚趾）两侧的动脉，阻断血流。

④指压股动脉。适用于一侧下肢的大出血，用两手的拇指用力压迫伤肢腹股沟中点稍下方的股动脉，阻断股动脉血流。救治时，伤员应该处于坐位或卧位。

⑤指压胫前、后动脉。适用于一侧脚的大出血，用两手的拇指和食指分别压迫伤脚足背中部搏动的胫前动脉及足跟与内踝之间的胫后动脉。

（2）直接压迫止血法

直接压迫止血法适用于较小伤口的出血。用无菌敷料直接压迫伤口处，压迫约 10 分钟。

（3）加压包扎止血法

加压包扎止血法适用于各种伤口，是一种比较可靠的非手术止血法。先用无菌敷料覆盖压迫伤口，再用三角巾或绷带用力包扎。这是一种目前最常用的止血方法，在没有无菌敷料时，可使用消毒卫生巾或餐巾等代替。

（4）填塞止血法

填塞止血法适用于较大而深的伤口，先用镊子夹住无菌敷料塞入伤口内。如敷料太小，止不住出血，可再加敷料，最后用绷带或三角巾绕至伤口对侧根部包扎固定。

（5）止血带止血法

止血带止血法只适用于四肢大出血，在其他止血法不能止血时采用此法。止血带有橡皮止血带（橡皮条和橡皮带）、布制止血带和气性止血带（如血压计袖带），其操作方法各不相同。

1）橡皮止血带。左手在离带端约 10 厘米处由拇指、食指和中指紧握，使手背向下放在扎止血带的部位；右手持止血带中段绕伤肢一圈，然后把止血带塞入左手的食指与中指之间，左手的食指与中指紧夹一段止血带向下牵拉，使之钩成一个活结，外观呈 A 字形。

2）布制止血带。将三角巾折成带状或将其他布带绕伤肢一圈，打个蝴蝶结。取一根小棒穿在布带圈内，提起小棒拉紧，将小棒依顺时针方向绞紧，将小棒一端插入蝴蝶结环内，最后拉紧活结并与另一头打结固定。

3）气性止血带。常使用血压计袖带，其操作方法比较简单，只要把袖带绕在扎止血带的部位，然后打气至伤口停止出血即可。

4）使用止血带的注意事项

①部位。上臂外伤大出血应扎在上臂上1/3处，前臂或手大出血应扎在上臂下部，不能扎在上臂的中1/3处，因该处神经走行贴近肱骨，易被损伤。下肢外伤大出血应扎在股骨中下1/3处。

②衬垫。使用止血带的部位应该有衬垫，否则会损伤皮肤。止血带可扎在衣服外面，用衣服当衬垫。

③松紧度。应以出血停止、远端摸不到脉搏为宜。过松达不到止血效果，过紧会损伤组织。

④时间。一般不应超过5小时，原则上每小时要放松1次，放松时间为1～2分钟。

⑤标记。使用止血带者应有明显标记贴在前额或胸前易发现部位，写明时间。如立即送往医院，可以不写标记。

相关链接

血液是维持生命的重要物质，成年人的血容量约占体重的8%，即4 000～5 000毫升，如出血量为总血量的20%，会出现头晕、脉搏增快、血压下降、出冷汗、肤色苍白、少尿等症状，如出血量占总血量的40%，会有生命危险。出血伤员的急救，只要稍拖延几分钟就会危及生命。

12. 如何用三角巾包扎伤口?

三角巾制作简单、方便，分为普通三角巾和带形、燕尾式三角巾，包扎时操作简捷，且几乎能适应全身各个部位。军用急救包体积小（仅一块普通肥皂大小），能防水，其内物品包括无菌普通三角巾和加厚的无菌敷料，使用十分方便，建议推广使用。

（1）三角巾的头面部包扎法

1）三角巾风帽式包扎法。三角巾风帽式包扎法适用于包扎头顶部和两侧面、枕部的外伤。先将无菌敷料覆盖在伤口上，将三角巾顶角打结放在前额正中，在底边的中点打结放在枕部，然后两手拉住两底角将下颌包住并交叉，再绕到颈后的枕部打结。

2）三角巾帽式包扎法。先用无菌敷料覆盖伤口，然后把三角巾底边的正中点放在伤员眉间上部，顶角经头顶拉到脑后枕部，再将两底角在枕部交叉返回到额部中央打结，最后拉紧顶角并反折塞在枕部交叉处。

3）三角巾面具式包扎法。三角巾面具式包扎法适用于颜面部较大范围的伤口，如面部烧伤或较广泛的软组织伤。方法是把三角巾一折为二，顶角打结放在头顶正中，两手拉住底角罩住面部，然后将两底角拉向枕部交叉，最后在下颌部打结。在眼、鼻和口处提起三角巾剪成小孔。

4）单眼三角巾包扎法。将三角巾折成带状，其上 1/3 处盖住伤眼，下 2/3 从耳下端绕经枕部向健侧耳上额部并压住上端带巾，再绕经伤侧耳上、枕部至健侧耳上与带巾另一端在健耳上打结固定。

5）双眼三角巾包扎法。将无菌敷料覆盖在伤眼上，用带形三角巾从头后部拉向前，从眼部交叉，再绕向枕下部打结固定。

6）下颌、耳部、前额或颞部小范围伤口三角巾包扎法。先将无菌敷料覆盖在伤部，将带形三角巾放在下颌处，两手持带巾两底角经双耳分别向上提，长的一端绕头顶与短的一端在颞部交叉，然后将短端经枕部、对侧耳上至颞侧与长端打结固定。

（2）胸背部三角巾包扎法

三角巾底边向下，绕过胸部在背后打结，其顶角放在伤侧肩上，系带穿过三角巾底边并打结固定。如为背部受伤，包扎方向相同，只要在前后面交换位置即可。若为锁骨骨折，则用两条带形三角巾分别包绕两个肩关节，在后背打结固定，再将三角巾的底角向背后拉紧，在两肩过度后张的情况下，在背部打结。

（3）上肢三角巾包扎法

先将三角巾平铺于伤员胸前，顶角对着肘关节稍外侧，与肘部平行，屈曲伤肢，并压住三角巾，然后将三角巾下端提起，两端绕到颈后打结。顶角反折用别针固定。

（4）肩部三角巾包扎法

先将三角巾放在伤侧肩上，顶角朝下，两底角拉至对侧腋下打结。急救者一手持三角巾底边中点，另一手持顶角，将三角巾提起拉紧，再将三角巾底边中点由前向下向肩后包绕，最后顶角与三角巾底边中点于腋窝处打结固定。

（5）腋窝三角巾包扎法

先在伤侧腋窝下垫上无菌敷料，带形三角巾中间压住敷料，并将带形三角巾两端向上提，于肩部交叉，并经胸背部斜向对侧腋下打结。

（6）下腹及会阴部三角巾包扎法

将三角巾底边包绕腰部打结，顶角兜住会阴部在臀部打结固定。或将两条三角巾顶角打结，连接结放在伤员腰部正中，上面两端围腰打结，下面两端分别缠绕两大腿根部并于相对底边打结。

（7）残肢三角巾包扎法

残肢先用无菌敷料包裹，将三角巾铺平，残肢放在三角巾上，使其对着顶角，并将顶角反折覆盖残肢，再将三角巾底角交叉，绕肢打结。

13. 如何用绷带包扎伤口？

包扎的目的是保护伤口、减少污染、固定敷料和帮助止血。包扎常用绷带和三角巾。无论何种包扎法，均要求达到包扎好后固定不移动且松紧适度，并尽量注意无菌操作。

绷带法有环形包扎法、螺旋形及螺旋反折包扎法、8字形包扎法和头顶双绷带包扎法等。包扎时要掌握好“三点一走行”，即绷带的起点、止血点、着力点（多在伤处）和走行方向的顺序，以达到既牢固又不能太紧的效果。先在创口覆盖无菌敷料，然后从伤口低处向上，左右缠绕。包扎伤臂或伤腿时，要尽量设法暴露手指尖或脚趾尖，以便观察血液循环的情况。由于绷带用于胸、腹、臀、会阴等部位效果不好，容易滑脱，所以绷带包扎一般用于四肢和头部伤。

（1）环形包扎法

将绷带卷放在需要包扎位置稍上方，第一圈做稍斜缠绕，第二圈、第三圈做环行缠绕，并将第一圈斜出的绷带带角压于环行圈内，然后重复缠绕，最后在绷带尾端撕开打结固定或用别针、胶布将尾部固定。

（2）螺旋形包扎法

先环行包扎数圈，然后将绷带渐渐地斜旋上升缠绕，每圈覆盖前圈的1/3～2/3成螺旋状。

（3）螺旋反折包扎法

先做两圈环形固定，再做螺旋形包扎，待到渐粗处，一手拇指按住绷带上面，另一只手将绷带自此点反折向下，此时绷带上缘变成下缘。后圈覆盖前圈 1/3 ~ 2/3。此法主要用于粗细不等的四肢，如前臂、小腿或大腿等。

（4）8 字形包扎法

适用于四肢各关节处的包扎。于关节上下将绷带一圈向上、一圈向下做 8 字形来回缠绕，例如，锁骨骨折的包扎。目前已有专门的锁骨固定带可直接使用。

（5）头顶双绷带包扎法

将两条绷带连在一起，打结处包在头后部，分别经耳上向前于额部中央交叉。然后，第一条绷带经头顶到枕部，第二条绷带反折绕回到枕部，并压住第一条绷带。第一条绷带再从枕部经头顶到额部，第二条绷带则从枕部绕到额部，又将第一条绷带压住。如此来回缠绕，形成帽状。

相关链接

（1）伤口上要加盖敷料，不要用弹力绷带。

（2）不要将绷带缠绕过紧，经常检查肢体血液循环情况。

（3）有绷带过紧的体征（手、足的甲床发紫；绷带缠绕肢体远心端皮肤发紫，有麻感或感觉消失；严重者手指、足趾不能活动），立即松开绷带，重新缠绕。

（4）不要将绷带缠绕手指、足趾末端，除非有损伤。

14. 如何进行伤员搬运？

搬运伤员的方法是院外急救的重要技术之一。搬动的目的是使伤员迅速脱离危险地带，纠正当时影响伤员的病态体位，减少痛苦，避免再受伤害，安全迅速地将伤员送往医院治疗，以免造成伤员残疾。搬运伤员的方法，应根据当地、当时的器材和人力而选定。

（1）徒手搬运

1）单人搬运法。单人搬运法适用于伤势比较轻的伤员，采取背、抱或驮等方法。

2）双人搬运法。一人搬托双下肢，一人搬托腰及以上部位。在不影响伤势的情况下，还可用椅式、轿式和拉车式搬运。

3）三人搬运法。对疑有胸、腰椎骨折的伤者，应由三人配合搬运。一人托住肩胛部，另一人托住臀部和腰部，第三人托住双下肢，三人同时把伤员轻轻抬放到硬板担架上。

4）多人搬运法。将脊椎受伤的伤员向担架上搬动时，应由4～6人一起搬动，1～2人专门负责头部的牵引固定，使头部始终保持与躯干成直线的位置，维持颈部不动。另外需2人托住臂背、1～2人托住下肢，协调地将伤者平直放到担架上，并在颈、腋窝处放一小枕头，头部两侧用软垫或沙袋固定。

（2）担架搬运

1）自制担架法。常在没有现成的担架而又需要担架搬运伤员时自制担架。

①用木棍制担架。用两根长约2.5米的木棍或竹竿绑成梯子形，用绳索来回绑在两根长棍之间即成。

②用上衣制担架。用上述长度的木棍或竹竿两根，穿入两件上衣的袖筒中即成，在没有绳索的情况下常用此法。

③用椅子代替担架。用扶手椅两把对接，用绳索固定对接处即成。

2）另一种担架的做法

①材料。两根木棍、一块毛毯或床单、较结实的长线（铁丝也可）。

②方法。第一步，把木棍放在毛毯中央，毛毯的一边折叠，与另一边重合。第二步，毛毯重合的两边包住另一根木棍。第三步，用穿好线的针将一根木棍边的毛毯缝合，然后把包另一根木棍边的毛毯两边也缝上，制作即成。

（3）车辆搬运

车辆搬运受气候影响小、速度快，能及时将伤员送到医院抢救，尤其适合较长距离运送。轻伤者可坐在车上，重伤者可躺在车里的担架上。重伤者最好用救护车转送，缺少救护车的地方，可用汽车送。上车后，胸部伤者取半卧位，一般伤者取仰卧位，颅脑伤者应使头偏向一侧。

专家提示

（1）必须先急救，妥善处理后才能搬运。

（2）运送时尽可能不摇动伤者的身体。若遇脊椎受伤者，应将其身体固定在担架上，用硬板担架搬运。切忌一人抱胸、一人搬腿的双人搬抬法，因为这样易加重脊椎损伤。

（3）运送伤员时，随时观察其呼吸、体温、出血、面色变化等情况，注意其姿势，给予保暖。

（4）在人员、器材未准备完好时，切忌随意搬运。

（5）上述不论哪种运送伤者的方法，在途中都要保持平稳，切忌颠簸。

15. 如何处理呼吸道异物梗阻?

呼吸道异物梗阻的症状有：患者突然不能说话、咳嗽，会用手伸向喉部表示哽咽窒息，表情惊恐万状，呼吸越来越困难，并逐渐出现口唇青紫、意识丧失、呼吸停止等。根据具体情况，应选用以下合理的急救方法，尽快解除呼吸道的梗阻。

（1）膈下腹部冲击法（Heimlich 手法）

膈下腹部冲击法适用于成人和儿童。

救护者站于患者身后，双手穿过其腰部，一只手握拳，拇指侧朝向患者腹部，置于脐与剑突连线的中点；另一只手抓住握拳手，使用快速向内向上力量冲击患者腹部，反复进行直至异物排出或病人转为昏迷。患者昏迷时，将其置于仰卧位，使头后仰，开放气道，救护者跪跨于患者髋部两侧，两手重叠，实施 Heimlich 手法。

（2）胸部冲击法

胸部冲击法适用于妊娠晚期或过度肥胖者。

救护者站于患者背后，用双臂绕过其腋窝，环绕其胸部，用握拳的拇指一侧朝向患者胸骨中点，避免压于剑突或肋缘上；另一只手抓住握拳手向背部冲击。患者昏迷时，使其仰卧，救护者跪于一侧，将重叠双手掌放于患者的胸骨下半段，向背部冲击。

（3）自我冲击手法

自我冲击手法适用于突发意外而无他人在场时。

一只手握拳，将拇指侧朝向腹部，放于脐与剑突连线的中点；另一只手抓住握拳手，使用快速移动的方法将膈肌向内、向上按压，即 Heimlich 手法。也可将腹部快速顶住椅背、桌缘等坚硬物表面进行冲击。

（4）拍背法和胸部手指猛击法

拍背法和胸部手指猛击法适用于婴幼儿。

救护者以前臂支撑在自己的大腿上，婴儿面朝下骑跨在救护者前臂上，头低于躯干，救护者一只手固定其双侧下颌角，用另一只手掌根部用力拍击婴儿两肩胛骨之间的背部，使其吐出异物。如果无效，可将患儿翻转过来，面朝上，放在大腿上，托住其背部，头低于躯干，用食指和中指猛压其两乳头连线中点下方一横指处。必要时两种方法反复交替进行，直至异物排出。

16. 如何催吐？

让患者取坐位，上身前倾并饮水 300 ~ 500 毫升（普通的玻璃杯 1 杯），然后让患者弯腰低头，面部朝下，救护者站在患者身旁，手心朝向患者面部，将中指伸到患者口中（若留有长指甲须剪短），用中指指肚向上钩按患者软腭（紧挨上牙的是硬腭，再往后就是柔软的软腭），按压软腭造成的刺激可以导致患者呕吐。呕吐后再让患者饮水并再刺激患者软腭使其呕吐，如此反复操作，直到吐出的是清水为止。也可用羽毛、筷子、压舌板，或触摸咽部催吐。催吐可在发病现场进行，也可在送往医院的途中进行，总之越早越好。有条件的还可服用 1% 硫酸锌溶液 50 ~ 100 毫升。必要时用盐酸阿扑吗啡注射液 5 毫克皮下注射。

相关链接

催吐禁忌：口服强酸、强碱等腐蚀性毒物者；已发生昏迷、抽搐、惊厥者；患有严重心脏病、食道胃底静脉曲张、胃溃疡、主动脉夹瘤的患者；孕妇。

17. 如何正确呼救？

当遇到突发事件时，错误的呼救方式可能导致急救延误、事态加重甚至资源的浪费。应采用正确且高效的呼救方法。

（1）紧急报警电话

为保障广大人民群众的生命财产安全，我国统一设立了“110”报警电话、“119”火警电话、“122”交通事故报警电话、“120”“999”急救电话等。

（2）如何拨打紧急报警电话

当需要报警求助时，可拨打紧急报警电话，投币、磁卡等公用电话不用投币或插磁卡，可直接拨打。

报警时要讲清事故发生的时间、地点，如对事发地不熟悉，可提供现场附近地标性建筑物的形态。尽可能简要说明情况，如果是求助，要说清事由；如果发生案件，则要说清歹徒的人数、乘坐的交通工具等；如果发生火灾，要讲清起火部位、着火物质、火势大小、是否有人被困等情况；如果需急救，要讲清患者的年龄、性别和病情。并需将自己的姓名和联系电话告诉紧急报警电话接线员，以便保持联系。

（3）紧急呼救简易方法

处于危急状态下，又没有通信工具时应及时发送简易求救信号，力求在最短的时间内获得救助。具体的方法有以下几种：

1）声响求救信号。当遇到紧急情况时，可采取大声呼救、吹响哨子或敲击脸盆等方法发出声音，引起路人的注意。

2）光线求救信号。当遇到紧急情况时，可利用手电筒、镜子反射太阳光等方法，反复闪照。

3）投掷软物求救信号。如果在高层建筑遇到紧急情况时可以投掷软物，如枕头、塑料空瓶等向地面人员发出求救信号。

4）烟雾求救信号。当在野外遇到危险时，白天可燃烧树枝等发出烟雾，晚上可点燃干柴等可燃物发出明亮闪烁的红色火光，向周围发出求救信号。

5）字样求救信号。在野外还可以用树枝、石块等在空地上堆出 SOS 或其他求救字样，每字至少要长 6 米。SOS 是国际通用的呼救信号，并被广泛运用于各种情况下紧急呼救。

总之，遇到紧急状态时一定不能惊慌，要学会用掌握的紧急呼救常识以得到他人帮助。

18. 如何准备和使用急救箱?

急救箱是处理突发状况和小型伤害的重要工具。正确准备和使用急救箱可以在紧急情况下提供迅速、有效的帮助。以下是急救箱准备和使用的一般步骤。

（1）急救箱的准备

1）购买标准急救箱。选择一个标准的急救箱，确保其中包含必备的急救用品。这些用品包括无菌敷料、药品、绷带、夹子、剪刀、胶布、手套、急救手册等。

2）检查用品有效期。定期检查急救箱内各种药品和消耗品的有效期。过期的物品可能无效或产生副作用。

3）个性化急救箱。根据企业员工的健康状况和特殊需要，个性化配备急救箱。例如，对于对某种药物过敏的人，应该确保急救箱内不包含这种药物。

4）定期更新。定期检查和更新急救箱内的物品，以确保其始终处于完好和可用的状态，其中包括替换过期的药品、消耗品和受损的物品。

5）添加个人信息。在急救箱内放置一张纸条，上面写有紧急联系方式、过敏信息以及重要的医疗记录。这有助于在紧急情况下提供更准确的医疗信息。

（2）急救箱的使用

1）冷静应对紧急情况。在紧急情况下保持冷静，迅速评估危险程度。

2）保护自身。在急救人员未到时，确保自身的安全。如果现场存在危险，先将自己与伤者转移到安全的地点。

3）初步评估。进行初步的伤害评估，确定伤者是否需要紧急医疗救助，检查其呼吸、心搏、出血和其他明显的伤情严重程度。

4）使用急救箱。根据伤者的情况，使用急救箱内的物品进行处理，其中包括使用绷带包扎、清洁伤口、给予药物等。

5）使用急救手册。急救箱通常附带急救手册，手册包含了常见的急救步骤和指导，应根据手册上的指导进行急救。

6）定期培训。参加急救培训课程，了解最新的急救知识和技能。这有助于提高对急救箱使用的信心和有效性。

7）及时就医。急救箱提供的是初步的急救，对于一些严重的创伤或急性疾病需及时就医。在提供初步急救的同时，尽快联系专业医疗人员。

急救箱是在紧急情况下提供帮助的工具，但它并不能替代专业医疗救治。在面对严重伤害或疾病时，应及时寻求专业医疗救助。

19. 如何使用氧气呼吸机?

使用氧气呼吸机是一种常见的医疗手段，可以用于帮助患者维持足够的氧气水平。

（1）呼吸机参数的设置和调节

1）呼吸频率。8~18 次 / 分，一般为 12 次 / 分。慢性阻塞性肺病（COPD）及急性呼吸窘迫综合征（ARDS）患者除外。

2）潮气量。8~15 毫升 / 千克体重，根据临床及血气分析结果适当调整。

3）吸 / 呼比。一般将吸气时间定在 1，吸 / 呼比以 1：（2~2.5）为宜，限制性疾病为 1：（1~1.5），心功能不全为 1：1.5，ARDS 则以（1.5~2）：1 为宜（此时为反比呼吸，将呼气时间定为1)。

4)吸气流量。成人一般为3~7升/分钟。安静、入睡时可降低流量，出现发热、烦躁、抽搐等情况时要提高流量。

5)吸入氧浓度。长时间吸氧一般不超过60%。低浓度氧(体积分数为24%~40%)适用于COPD患者；中浓度氧(体积分数为40%~60%)适用于缺氧而二氧化碳潴留时；高浓度氧(体积分数大于60%)适用于一氧化碳中毒、心源性休克及严重创伤大型手术后，吸入高浓度氧不应超过2天，否则易致氧中毒。

6)触发灵敏度调节通常为0.098~0.294千帕，根据病人自主吸气力量大小调整。流量触发者为每分钟3~6升。

7)吸气暂停时间。一般为0~0.6秒，不超过1秒。

(2)呼吸机的适应证

1)低氧血症。所有低氧血症患者均须进行氧气治疗，但并不一定需要呼吸机进行机械通气。肺水肿、肺不张导致的低氧型呼吸衰竭患者，可以先进行面罩无创正压通气，如症状缓解可不行气管插管，如症状加重，应立即行气管插管，严重者使用呼吸机进行机械通气。经解痉、平喘及持续吸氧，氧分压仍低于60毫米汞柱的患者，应使用机械通气。

2)肺泡通气量不足。由于肺泡通气量不足，导致动脉血pH值小于7.20，即出现呼吸性酸中毒时，应立即使用机械通气。由于肺泡通气量不足，患者出现呼吸做功明显增加，呼吸表浅、呼吸频数加快，即将出现呼吸衰竭时，应立即进行机械通气。ARDS及严重的肺部感染者应使用机械通气。

3)呼吸肌疲劳。各种原因导致的呼吸做功增加，应在出现氧合障碍前进行机械通气。

4)辅助呼吸。严重胸部创伤、胸部或心外、颅脑外手术后，必须常规使用呼吸机辅助呼吸，直至病人清醒，自主呼吸恢复。

应注意，使用氧气呼吸机是一个涉及医疗设备的过程，患者和使用者都应该接受医生的指导和培训。不正确使用氧气呼吸机可能导致健康问题，因此在使用之前应该接受专业培训。

20. 如何测量呼吸次数?

呼吸是指机体与外界环境之间气体交换的过程。人的呼吸过程包括 3 个互相联系的环节：外呼吸，包括肺通气和肺换气；气体在血液中的运输；内呼吸，是指组织细胞与血液间的气体交换与组织细胞内的氧化代谢。

呼吸的过程是通过吸气和呼气两个动作完成的。吸气时胸腔向外扩张，这时空气由鼻腔→喉→气管→支气管→肺，氧气被血液运送到全身各处；呼气时胸腔向内收缩，这时全身各处的二氧化碳被血液运回肺，由肺→支气管→气管→喉→鼻腔运出。

呼吸次数可通过观察胸、腹部起伏、贴棉花絮以及监护仪等方法来进行检测。测试呼吸的频率，是在规定的时间内，一般以 1 分钟或半分钟为标准，根据呼吸的次数，也就是胸廓起伏出现多少次判断呼吸的频率。

（1）观察胸、腹部起伏

正常人有胸式和腹式两种不同的呼吸方式，测定呼吸频率时，可以将手放在胸部，通过观察胸廓的起伏判断呼吸频率。

（2）贴棉花絮

可以通过在鼻翼贴棉花絮检测呼吸频率，棉花絮煽动即为有呼吸，每分钟棉花煽动次数即为呼吸频率。

（3）监护仪

在患者的胸部或腹部贴呼吸监测电极，连接监护仪，可以24小时持续监测每分钟呼吸频率。由于患者会出现烦躁的情绪，可能会导致数值偏差，所以有时显示出的数据未必是真实数据。危重症患者抢救需经鼻气管插管、气管切开连接呼吸机，呼吸机上可显示呼吸频率监测数据。

可以根据不同的情况，采用不同的呼吸频率检测方法。呼吸频率检测时，要保持平静呼吸，注意呼吸运动的频率和节律。

知识学习

正常人的呼吸频率，即呼吸次数，不同的年龄和性别会有所差异。成年男性每分钟的呼吸频率通常为16~20次，而成年女性每分钟增加2次左右；老年人的呼吸频率一般为每分钟14~16次；新生儿的呼吸频率通常在每分钟30~50次，2~7岁的儿童每分钟的呼吸频率为20~25次，7岁及以上的儿童则可达到成年人的呼吸频率。这些数值提供了一般性的参考，但个体差异和特殊情况可能导致略微的波动。在评估呼吸频率时，还应考虑个体的整体健康状况和其他因素。

21. 如何测量血压？

测量血压是一项简单而重要的健康监测程序，通常用于评估心血管系统的功能和整体健康状况。血压的测量结果由两个值组成：收缩压和舒张压，以毫米汞柱（mmHg）为单位。正确测量血压需要合适的工具、正确的程序和安静的环境，以下是详细的步骤。

首先，确保人处于一个安静、舒适的环境中，以减少外界干扰。选择一把靠背椅，使背部能够放松，双脚平放在地面上，不要交叉。这种坐姿有助于确保准确地测量血压。

然后，准备一台合适的血压计，其中包括一个袖带和一个听诊器。

在准备好坐姿和血压计之后，开始测量血压。使用听诊器找到动脉的位置。将袖带绑于上臂，确保袖带紧密贴合皮肤。袖带应该松紧适中，以能够插入两个指头为宜。确保袖带的位置在肘关节上方 1～2 厘米处，前臂与地面平行。开始通过手泵给袖带充气，直到听到心跳声。这时，记录袖带上的刻度值，这个值即为收缩压。接着，继续充气，直到听到心跳声停止，记录此时的刻度值，这个值即为舒张压。

在测量过程中要保持安静，不要说话，保持肌肉松弛。这有助于获得更准确的测量结果。在记录完收缩压和舒张压后，将这两个值写下来，按照先收缩压后舒张压的顺序，以毫米汞柱为单位。

为了获得更准确和可靠的血压值，建议进行多次测量，并在不同的时间进行。最好在早晨起床后和晚上睡前进行测量，以获取不同时间点的血压状况。最终的血压值可以取多次测量的平均值，以获得更全面的健康评估。

22. 骨折时如何进行现场应急救护?

人体骨折以四肢最为多见。骨折之后，除了骨骼断裂外，附近的软组织也会受影响，导致肿胀及出血，断骨的尖端也能伤害到周围的肌肉、神经、血管及内脏。

（1）骨折的种类

1）闭合性骨折。骨折部位的皮肤完好。如骨骼粉碎或肌肉与血管受创，受伤部位可能出现大面积的瘀血或肿胀。

2）开放性骨折。皮肤因骨折而破裂，伤口深入骨折处或骨骼外露，感染机会增加。

3）青枝骨折。只见于儿童的不完全骨折。“青枝”一词是借用来的，喻指在植物的青嫩枝条中，常常会见到折而不断的情况。

4）复杂性骨折。常见的如开放性骨折，骨折同时使肌腱拉伤或破裂，神经挫伤或断裂，大血管受压或破裂，甚至伤及内脏。

（2）骨折的症状

发生骨折后，伤者的主要症状有伤处疼痛、肿胀、变形或缩短，有瘀血，肢体可形成假关节，但不能正常活动，甚至失去活动能力。骨折的共同症状主要有以下几点：

1）伤处触痛，在移动伤者时可听到骨擦音。

2）对于复杂骨折，伤者的伤肢末端可能极其疼痛，出现皮肤苍白或指甲发绀的症状。

3）如果发生骨盆或大腿骨骨折，又有多处骨折，伤者可能会休克。

（3）对骨折伤势的评估

评估伤势时，应尽量避免移动伤员。首先初步检查伤者的意识、呼吸、脉搏，处理出血和休克。然后检查伤者头、胸、腹，处理严重创伤，确定是否有其他受伤部位。最后检查四肢受伤部位，查看形状、位置及外观是否与没有受伤的一侧不同，检查手指和脚趾的感觉、活动能力及范围以及血液循环的情况。

（4）骨折的现场应急救护

骨折后，可利用各种材料制成夹板，如木板、树枝、硬纸板等，并用三角巾、毛巾等进行健肢固定。硬质的夹板长度应超过骨折断端的上下 2 个关节，下肢骨折的夹板应超过 3 个关节。

1）骨折的现场急救方法

①用双手稳定及承托伤者的受伤部位，限制骨折处的活动，在空隙处放软垫，妥善固定。

②如伤者的上肢受伤，急救人员可用绷带把伤肢固定于躯干。如下肢受伤，则可将伤肢固定于健肢。也可用绷带替代品包扎、固定伤肢。完成包扎、固定后，应立即检查伤肢末端的感觉及动脉搏动、指（趾）甲的血液循环情况。

③尽可能抬高伤肢，减轻肿胀。

④如伤肢被扭曲，不能与另一侧肢体靠拢，可用牵引法，将伤肢轻轻沿骨骼轴心拉直，若牵引时引起伤者剧痛或皮肤变白，应立即停止。

⑤完成包扎后，急救人员应立即检查伤者伤肢末端的感觉、活动能力和血液循环。

2）开放性骨折的急救方法

①急救人员应先戴上橡胶手套，如伤者的伤口中有污物，尽量不触及伤口，不可用水冲洗，不要上药。

②对已裸露在伤口外边的骨折断端，不要试图将其复位。应在伤口上覆盖灭菌敷料，适度包扎，再将骨折处用夹板固定。

③经过包扎固定后，呼叫救护车尽快将伤者送往医院治疗。

23. 上臂骨折时如何判断与应急救护？

上臂是手臂从肩到肘的部分。上臂骨称为肱骨，上端是肩关节，下端是肘关节。

（1）上臂骨折判断

人体上臂只有一根骨头，称为肱骨。人在跌倒时手或肘着地，力直接冲击上臂，或者人在投掷时用力过大过猛，都有可能使肱骨承受不住而发生断裂。

（2）上臂骨折主要症状

包括上臂肿痛，出现畸形；伤者不敢活动上臂；按压伤处时，马上引起疼痛。

（3）上臂骨折的固定

1）用一块夹板捆绑住上臂。

2）用大三角巾将手臂兜住，使伤肢悬吊在颈部。

3）再用另一条三角巾，将上臂和身体固定在一起，使伤肢不能进行任何方向的活动。

（4）上臂骨折的急救措施

1）边牵引边放好伤肢的位置。牵引的做法是，一只手握住前臂近肘弯处，另一只手握住手腕。握前臂的手，慢慢地一点点用力往下拉（假如伤者站立）。拉时，必须使伤肢与其原来的位置在一条直线上，切不可猛然拉动。握住手腕的手，要把前臂一点点地弯曲，使其弯成直角（前臂垂直于上臂），并使上臂渐渐向身体靠拢，伤者伤肢手心紧贴胸壁。这样做可以减轻痛苦，还能将伤肢放在合适的位置上（医生称这种姿势为“功能位”），此后固定包扎时要一直保持这种姿势。

2）用夹板固定伤肢。夹板是长条薄木片，一共两块，可以把伤肢夹在中间，使伤肢不能活动。夹板最好有长短多种，按伤者上臂长度来选用。为了减轻伤者痛苦，每块夹板贴住伤肢的一面，最好垫上棉花垫或旧布块（紧急时，干毛巾也可以），外面用绷带或布条缠好。没有夹板时，树枝、木棍、雨伞等都可代用。

用于肱骨骨折的夹板应一长一短（宽约 8 厘米，一块长约 46 厘米，另一块稍短些，取从腋窝到肘弯的长度）。短的一块，一端顶上裹一块棉花垫或毛巾，夹在腋窝内，顶住腋窝，另一端在肘弯之上，板面贴住上臂内面。长的一块贴在伤肢外侧，用两块三角巾折叠成条，将两板缚住打结，结头朝外。

3）另找一条三角巾（布条、绳子都可代用）兜住前臂，吊在颈项上。手掌应贴胸，比肘高 7 厘米左右较好。为了避免伤肢随便移动，再找一块三角巾，把伤肢和胸壁一起捆住，结头打在腋窝前面。

没有木板时，也可用三角巾固定。先用一块棉垫（可用毛巾代替）塞在伤肢腋窝下，并准备两块三角巾，一块先兜住前臂和手腕，悬吊在颈项上。但这时不要悬吊打结，只放在前臂就可以。另一块三角巾叠成 35 厘米左右的宽条，宽条中点放在受伤的上臂上方，正好从肩部往下，把两头绕过胸背，绕到对面腋窝下打结。这块三角巾的包扎要包得紧些，目的是固定牢靠，不使伤肢左右移动。

4）把原先悬吊在前臂的三角巾悬挂在颈项上，打结固定。

24. 前臂骨折时如何判断与应急救护？

前臂有桡骨和尺骨。前臂骨折包括单骨骨折及双骨骨折，后者较为常见。发生前臂骨折，多因受到外力的直接冲击，或跌倒时手掌着地。

（1）前臂骨折的判断方法

前臂表现为不能活动，又肿又痛。如果断骨错位，还会出现小臂扭转、弯曲等畸形。

（2）前臂骨折的急救方法

1）牵引方法。一只手握住伤者的上臂，顺着前臂的方向往上拉；另一只手拉住伤者的手，顺着前臂的方向向下拉。拉时要缓慢而轻，逐渐加力，使两头断骨离开，前臂伸直之后可以固定。

2）夹板固定方法。首先，用两块宽约 8 厘米、长约 46 厘米的薄木片，两边各裹上棉花（同上臂骨折一样）。一块放在前臂的手心面，一块夹在前臂手背面，两块夹板把整个前臂夹住（包括手在内），用两块三角巾折成宽条（或用布条），把夹板捆住。接着一只手握住上臂，另一只手托住夹板，将前臂轻轻放平（即肘弯弯曲），手心贴胸，手应略高于肘。用宽三角巾把前臂悬吊在颈部。

如果一时找不到木片，可用书报代替。找几张报纸或几本杂志，用这些书或报纸围住前臂，一头从肘弯以内起，另一头包到手指，用三角巾捆好，再用大三角巾把前臂悬吊在颈部（手心朝胸），注意事项和夹板固定法一样。

25. 手腕手指骨折时如何判断与应急救护？

在生产作业过程中，手指和手腕骨折常见的原因包括重物坠落、意外碰撞、不当使用工具、工作姿势不良以及缺乏安全设施。手指和手腕骨折可能导致生理功能受限、剧痛不适、工时损失、工作能力下降以及复发风险增加等后果。

（1）腕部骨折

常见的腕部骨折从侧面看，整个手腕不是平直的，而呈锅铲状畸形，此外，还有肿、痛、腕关节不能活动等症状。牵引和固定的方法和前臂骨折一样。

（2）手指骨折

手指骨折容易出现畸形和畸状活动。稍一移动伤指，可以听到骨擦音，还有肿痛症状。

指骨骨折多为开放性骨折，且多为直接暴力所致，可于手指的任何部位导致各种不同类型的骨折。指骨骨折由于部位不同，受到来自不同方向的肌腱的牵拉作用，产生不同方向的移位，如近节指骨中段骨折，受骨间肌和蚓状肌的牵拉，而致向掌侧成角；中节指骨在指浅屈肌腱止点远侧骨折，由于其牵拉也产生向掌侧成角；如在指浅屈肌腱止点近端骨折，则受伸肌腱牵拉造成向背侧成角。

近节指骨基底部关节内骨折可分为副韧带撕裂、压缩骨折及纵形劈裂骨折 3 类。远节指骨骨折多为粉碎性骨折，常无明显移位；而远节指骨基底部背侧的撕脱骨折，通常形成锤状指畸形。

发生指骨骨折应就近及时送医，治疗既要达到准确复位，又要达到牢固固定的效果，还要尽可能早地进行功能锻炼，以恢复手指的活动功能。

无移位的骨折，可用铝板或石膏将伤指固定于掌指关节屈曲和指间关节微屈位，4 周左右拆除固定，进行功能锻炼。末节指骨的粉碎性骨折，可视作软组织损伤处理，不必固定。

有移位的闭合性骨折，可行手法复位外固定。其固定的位置应根据骨折移位的情况而定，如掌侧成角者将手指固定于屈曲位；末节指骨基底部背侧撕脱骨折，应于近侧指间关节屈曲、远侧指间关节过伸位固定。4～6 周拆除固定。

对开放性骨折和闭合性骨折复位后位置不佳者，应行切开复位内固定。其固定的方法很多，按具体情况而定，常用的方法仍为克氏针固定，但应以牢固可靠为原则。而指骨基底部撕脱骨折多采用张力带固定治疗。指骨骨折也可采用螺钉固定。

26. 大腿骨折时如何判断与应急救护?

大腿骨又称为股骨，在生产和生活中，跌伤、暴力打击或者受车辆撞击等都可造成股骨骨折。

（1）大腿骨折通常可能出现的现象

下肢不能活动；骨折的地方很痛，活动时更加疼痛难忍；可能出现畸形，折成一个角度，腿往外扭转；伤肢和健肢对比缩短是大腿骨折的一个特点；有时还可能有伤口，成开放骨折；重伤伤者可同时出现休克。

（2）大腿骨折急救要点

1）牵引方法。要移动伤腿，必须先牵引。牵引手法为一只手先托住伤腿足跟，另一只手拉住足背，顺着大腿方向（指伤者仰卧时的方向）牵拉伤腿，用力要大，但须缓慢，一点点地加力。这样活动伤肢，伤者就不会感到疼痛，也不会误伤断骨附近的神经、血管。如果要提起伤腿，除一人牵引外，还需要另一人在大腿下方和小腿肚处托住伤腿，然后再提起。

2）夹板固定。先将伤腿伸直，并和健肢并在一起。找4～7块三角巾（叠成宽条）或宽布条（围巾、毛巾也可以），一条放在心口处，一条放在大腿根，一条放在膝盖，一条放在小腿。三角巾都要摊平，压在身体下方，两头在身体两旁外露。

找两块窄长木板条（一块较短），每块木板的一头用棉花垫（毛巾或叠好的布块）包住。长的一块塞入腋窝，短的一块塞入胯下。两块木板，正好夹住大腿的内外两面。如果没有两块木板夹，只要有长的一块也可以，但需多一块三角巾，把双足捆绑在一起。将几块棉花垫塞在肢体旁和脚脖处，以免突出的骨块相碰产生疼痛。接着，分别给每块三角巾的两头打结，以固定夹板。

3）搬运方法。3个人并排单腿跪在伤者同侧，一人托头和上背，另一人托腰和臀部，第三人托住大腿和小腿，一齐起立，一齐放下，将伤者仰放在担架上，然后抬送至医院。

知识学习

（1）如为开放性骨折，必须先止血，再包扎，最后进行骨折部位固定，此顺序绝不可颠倒。

（2）下肢或脊柱骨折，应就地固定，尽量不要移动伤员。

（3）四肢骨折固定时，应先固定骨折的近端，后固定骨折的远端。如固定顺序相反，可导致骨折再度移位。夹板必须扶托整个伤肢，骨折部位上下两端的关节均必须固定住。绷带、三角巾不要绑扎在骨折处。

（4）夹板等固定材料不能与皮肤直接接触，要用棉垫、衣物等柔软物垫好，尤其骨凸部位及夹板两端更要垫好。

（5）固定四肢骨折时应露出指（趾）端，以随时观察血液循环情况，如有苍白、发绀、发冷、麻木等表现，应立即松开重新固定，以免造成肢体缺血、坏死。

27. 小腿骨折时如何判断与应急救护？

小腿骨有两根，为胫骨和腓骨。两骨同时折断比较常见，伤情较重。外力打击，从高处跌下时脚着地，或者脚着地后猛力扭曲，都可能引起小腿骨折。

小腿骨折通常会有以下表现：脚往外扭；受伤后的小腿比健康的小腿短；伤处肿痛，不能活动。

小腿骨折急救的要点包括：

（1）牵引方法。与大腿骨折相同。

（2）夹板固定。找一块长木板条，一面垫上棉花或布块，外缠布条，用来贴在伤腿的外方或下方，夹板的一头到大腿上部，另一头到足跟。将4条三角巾分别放在大腿根、膝盖上方、膝盖下方、脚踝上方，连腿带夹板一齐扎紧。固定时注意夹板放置的位置，夹板外面要用布块或软毯裹住。

（3）如用两块夹板，应夹住伤肢的内外两面（板和腿之间一定要垫好棉花或布块），这样固定更牢固，更结实。

（4）伤者不能自己行走，应该仰卧在担架上，运送至医院。

28. 脊椎骨折时如何判断与应急救护？

在生产作业中，脊椎骨折可能带来严重的危害，包括影响身体姿势和稳定性、引发持久的疼痛、造成神经功能障碍甚至瘫痪。

（1）脊椎骨折的判断方法

脊椎管内有脊髓，因此脊椎损伤常引起截瘫。判断是否为脊椎骨折，主要看伤者是否有如下情况：

1）从高空摔下，臀或四肢先着地。

2）重物从高空直接砸压在头或肩部。

3）暴力直接冲击在脊椎上。

4）正处于弯腰弓背状态时受到挤压力。

5）背腰部的脊椎有压痛、肿胀或有隆起、畸形。

6）双下肢麻木，活动无力或不能活动。

通过询问伤者与检查，如果有前4条中的一条，再加第5条、第6条即考虑有脊椎骨折的可能性，应按照脊椎骨折救治要求进行急救。

（2）脊椎骨折急救方法

1）如伤者被瓦砾、土方等压住，不要硬拉强拽暴露在外面的肢体，以防加重血管、脊髓、骨骼的损伤，应立即将压在伤者身上的东西搬掉。脊椎骨折时常伴有颈、腰椎骨折。

2）颈椎骨折要用衣物、枕头挤在头颈两侧，使其固定不动。

3）如腰椎脊柱骨折，应使伤者平卧在硬板上，身体两侧用枕头、砖头、衣物塞紧，固定脊椎为正直位。搬运时需 3 人同时动作，具体做法是 3 人蹲在伤者的同一侧，一人托背，另一人托腰臀，第三人托下肢，协同动作，将伤者仰卧位放在硬板担架上，腰部用衣褥垫起。

4）对身体创口部分进行包扎，具体顺序为冲洗创口、止血、包扎。

（3）需要注意的事项

1）完全或不完全骨折损伤，均应在现场做好固定且防止并发症，特别要采取最快方式送往医院，在运送途中应严密观察。

2）可疑脊椎骨折、脊髓损伤时，立即按脊椎骨折要求急救。

3）运送时应用硬板床、担架、门板，不能用软床。禁止单人抱、背，应几人同时抬，防止加重脊椎、脊髓损伤。

4）搬运时让伤者两下肢靠拢，两上肢贴于腰侧，并保持伤者的体位为直线。胸、腰、腹部损伤时，在搬运中应在腰部垫小枕头或衣物。

29. 肋骨骨折时如何应急救护?

肋骨骨折是常见的一种骨折，除判断骨折外还要观察伤者是否有下列症状：神志是否清楚，口鼻内有无血、泥沙、痰等异物堵塞；前后胸有无破口；是否呼吸困难；是否有血胸和气胸。

（1）判断肋骨骨折的表现

1）单纯骨折。只有肋骨骨折，胸部无伤口，局部有疼痛，呼吸急促，皮肤有血肿。

2）多发性骨折。多发性肋骨骨折，吸气时胸廓下陷。胸部多有创口、剧痛、呼吸困难。这种骨折常并发血胸和气胸，抢救不及时会很快死亡。

（2）肋骨骨折的抢救方法

1）如果是简单肋骨骨折，急救应做的处理是固定胸部。准备宽 7～8 厘米、长约伤者胸围 3/4 的胶带三四条，让伤者尽量呼气，呼到不能再呼时憋住。急救者迅速将胶带从下胸粘起：将一条胶带从健侧（即非骨折的一边）后背肩胛骨下方粘住一头，将胶带拉紧，顺着胸廓转到健侧乳头附近。这时，可让伤者呼吸几次，再次尽力呼气后憋住，将第二条胶带自下往上地粘贴，第二条胶带应压住第一条胶带 2～3 厘米。用同样的方法再粘贴 1～2 条。这样，健肺吸气时不致过分膨大，伤侧的肋骨也不致有太大活动范围。胶带经过 2～3 周之后可以去掉。

2）多发性骨折用宽布或宽胶布围绕胸腔半径固定住即可，防止再受伤害，并速请医生处理。

3）有条件时应吸氧。

4）遇气胸时，急救处理后速送医院。

30. 关节脱位时如何应急救护？

关节不在原来的位置，脱出关节位置之外，就是关节脱位。脱位的关节可能出现损伤、韧带不稳定、周围肌肉受伤撕裂、同时伴随出血现象。出血刺激附近的肌肉，使肌肉收缩，伤者就会疼痛。

（1）关节脱位的表现

1）受过外伤。

2）从关节外形能看出畸形。有时能摸到脱出的关节头，或者空虚的关节腔。伤肢也可能变长或缩短。

3）关节不能照常活动或者只能稍微活动，甚至出现特殊形状。

4）伤处肿痛。

（2）常见关节脱位的复位方法

1）下颌关节脱位（掉下巴）。让伤者坐好，头和背紧靠着墙，头放正、直立。面向伤者，先找出下颌骨喙突。喙突是下颌骨垂直部位顶端靠前的一个突起，位于颌骨的下方（稍靠外）。正常人开口或闭口，都能在这个部位感到它的活动。施救者的双手拇指分别在两侧的喙突前面，其余四指指头分别放在下颌骨下缘左右侧。拇指适当用力向后推压（并带点稍稍向下的力），同时用其余四指将下巴往上托起，脱位就能复位。复位后，用三角巾或绷带将下巴连关节兜住，吃饭时可摘下。需1周左右，即可痊愈，在此期间不可大笑，不咬嚼硬物，以免造成习惯性脱位。

2）肩关节脱位。伤者取仰卧位，施救者立于伤侧，用靠近伤者一侧的足跟置于患肢腋窝部，于胸壁和肋骨头之间作支点，握患肢前臂及腕部顺其纵轴牵引。达到一定牵引力后，轻轻摇动或内、外旋其上肢并渐向躯干靠拢复位。

3）肘关节脱位。伤者平卧位，除施救者之外安排一人固定患肢上臂作对抗牵引，施救者握其前臂向远侧顺上肢轴线方向牵引。复位后上肢用石膏托固定于功能位3周。

4）桡骨头半脱位。施救者一手握患肢肘部，拇指触及桡骨小头，另一只手轻握其腕部作轻柔的牵引，将其前臂旋前。当肘关节屈曲，同时前臂旋后时即感到桡骨头清脆声或弹动而复位。绷带悬吊前臂适当保护患肢1周。

5）髋关节脱位。若已休克，应取平卧位，保持呼吸道通畅，注意保暖并急送医院进行抢救，在麻醉下进行手法复位，复位后可用皮肤牵引或髋人字形石膏固定6~8周。解除外固定后应继续锻炼髋部肌力，并逐步增加髋关节活动范围。

6）开放性关节脱位的处理。争取在6～8小时内进行清创处理，在彻底清创后，将脱位整复，缝合关节囊，修复软组织，缝合皮肤，橡皮条引流48小时，用石膏固定于功能位3～4周，并选用适当抗生素以防感染。

31. 创伤出血时如何应急救护?

创伤性出血在临床上很常见，可分为外出血和内出血两种。血液从伤口流向体外者称为外出血，常见于刀割伤、刺伤、枪弹伤和碾压伤等。若皮肤没有伤口，血液由破裂的血管流到组织、脏器或体腔内，称为内出血。

血液是人体必需的营养载体，能维持多器官运行，从而使机体正常活动，如果失血过多，身体中的细胞和器官会因缺血而处于缺氧状态，造成失血性休克，如救治不及时，还会对生命安全造成威胁。

一般来说，人体一次失血量小于750毫升，可以通过自身的代偿机制得到代偿。如果失血量超过750毫升，人体出现失代偿，就会有生命危险。当一次失血量在750～1 500毫升时，伤者会出现皮肤苍白、湿冷、尿量减少、心率增快、血压下降的症状。如果失血量达到1 500～2 000毫升，伤者会出现呼吸频率加快、血压明显下降、尿量减少、无尿，甚至出现烦躁、谵妄等神志改变。如果一次失血量超过2 000毫升，伤者会出现极度的呼吸窘迫、血压急剧下降、少尿、无尿、昏迷等症状，以及严重的意识障碍或体温下降，严重者会出现临床死亡。

因此，对于创伤性出血情况，最重要的应急处置措施是及时止血。可用现场物品如毛巾、敷料、工作服等立即采取止血措施。如果创伤部位有异物，且不在重要器官附近，可以拔出异物，处理好伤口。如无把握，就不要随便将异物拔掉，应由医生检查、处理，以免伤及内脏及较大血管，造成大出血。

32. 撕裂伤时如何应急救护?

撕裂伤是钝性暴力作用于体表，由于急剧牵拉或扭转，造成皮肤和皮下组织撕裂，快速移动的物体（如行驶的车辆、开动的机器、奔跑的马匹）牵拉人体时容易造成此类伤。撕裂伤是人体的开放性损伤之一，因创口边缘多不整齐，大范围的伤口容易发生感染。

检查创伤的方法是首先观察生命体征，然后检查受伤部位和其他方面的变化。撕裂伤主要应了解伤口的位置、形状、大小、边缘、深度，伤口出血的性状等，还有伤口的污染情况以及伤口内有无异物留存。

撕裂伤创面较小时，先压迫止血，用简单消毒药剂（如酒精、碘伏）清洗消毒创口后，用胶布拉紧即可。

如若撕裂伤较大，首先应止血，然后考虑进一步处理，如现场有医疗条件，可清创缝合和服用抗生素；若无条件，可在止血后送医院治疗并注射破伤风抗毒素。

有些事故所致撕裂伤（如头皮广泛撕脱），创面很大，处理过程复杂，一旦发生这种情况，现场难以处理，可以一面止血，一面组织送医院治疗。

相关链接

撕裂伤害预防可以从以下角度入手：

（1）在使用各种刀具时，注意力要集中，方法要正确，并严禁打闹。使用过后不得将刀具随意乱放。

（2）在没有学会如何使用某种机械设备时，切勿随意开动。

（3）使用危险的机械设备前，需检查并确认设备处于正常状态。

（4）如发现工作区域有暴露的铁皮角、金属丝头、铁钉等尖锐物体，要及时清除，以免伤人。

33. 刺伤时如何应急救护？

刺伤是由细长、尖锐的致伤物所造成的创伤。伤口虽不大，但深部的组织、器官会遭受破坏，不易被察觉而被忽视。刺伤在生活和生产劳动中较为常见，常为锋利的尖锐物所致，有的是故意伤害，易引起深部感染。刺伤处理不当会造成严重后果。

刺伤常由刃器造成，如水果刀、剪刀、匕首、刺刀、猎刀、三角刮刀等。其他的尖硬物如碎玻璃、碎瓷片、铁丝、铁钉、铁棍、钢筋、木刺也能造成刺伤。不同的刺伤类型应采取相应的有效急救措施。

（1）胸背部刺伤

1）如果刺伤的刃器，如刀、匕首、钢筋、铁棍等仍插在胸背部，切不可立即拔出，以免造成大出血。应将刃器固定好，并将伤者尽快送到医院，在做好手术准备后，妥当地取出来。

2）刃器固定方法。刃器四周用衣物或其他物品围好，再用绷带等固定住。送医路途中注意保护，不得使其脱出。

3）刃器已被拔出时，如果胸背部有刺伤伤口，伤者出现呼吸困难、气急、口唇发绀，这可能是由于伤口与胸腔相通，空气直接进出，称为开放性气胸。此种情况非常危险，如果处理不当，伤者呼吸会很快停止。此时应当迅速按住伤口，可用消毒敷料或清洁毛巾覆盖伤口后送医院急救。敷料的最外层最好用不透气的塑料膜覆盖，以密闭伤口，减少漏气。有条件的应给伤者吸氧。伤者以半坐卧位为宜。

（2）腹部刺伤

1）如刺伤的刃器仍留在伤口上，切忌立即拔出来，应固定好，一并送往医院。

2）刺中腹部，导致肠管等内脏脱出，千万不要将脱出的肠管送回腹腔内，这样会增加感染机会，可先包扎好，在脱出的肠管上覆盖消毒敷料或消毒布类，再用干净的盆或碗倒扣在伤口上，用绷带或布带固定，迅速送医院抢救。

（3）眼睛刺伤

如果伤者的眼睛被物体刺伤，应该立即让其仰躺，设法支撑其头部，使之保持静止不动，并尽量避免躁动、啼哭。切不可擅自拔出刺入伤者眼中的异物，以免造成不可补救的损失。同时，不可随便对伤眼进行擦拭或清洗，更不可压迫眼球，以防更多的眼内容物被挤出来。如果伤者眼球鼓出，或从伤者眼球内脱出东西，禁止将脱出物推回眼内，这样做极可能使本来能够恢复的伤眼加重伤情。正确的做法应该是立即用消毒敷料轻轻盖上伤眼，然后再用绷带松松地包扎，保证覆盖的敷料不会移动即可。如果没有消毒敷料，也可用清洁的手帕或未使用过的毛巾代替，千万不可用力包扎，以不压及伤眼为原则。如果有物体刺在眼上或眼球脱落，可用纸杯或塑料杯扣在眼睛上，注意不要碰触或施压，然后再将纸杯或塑料杯用绷带包扎起来。包扎时要进行双眼包扎，因为只有这样才可减少因为另一只健康眼睛的运转而造成的伤眼的转动，避免伤眼因摩擦和挤压而加重伤口出血和眼内容物继续流出等严重后果。此外，包扎时切不可使用眼药水或眼药膏，这样会增加感染的机会，给医生的手术带来麻烦。

眼睛受伤出现青肿也是在野外可能会遇到的伤害，这主要是由于眼眶和眼睑受到外力撞击后引起内出血而造成的。如果眼球、颅骨没有受伤，可用冷敷法治疗。一般可用冰袋冷敷 30 分钟以上，即可消退肿胀，两天后即可治愈。

（4）钉子扎脚

脚被钉子扎破后，要立刻将钉子拔出。为防止钉子在伤口内遗留，应该查看钉子有没有断裂。拔出后，用手挤伤口四周，使其流出一些血液，连同伤口内的污物一并带出。如果还需要继续走路，要用干净手帕盖住伤口，再包扎妥当。扎伤之后，要尽快去医院救治（时间不要超过 6 小时）。也可先用碘伏涂擦伤口四周皮肤，拔出钉子，再涂上碘伏，用干净布包扎后再去医院。若钉子拔不出来，或者发现伤口内有断钉，切不可强拔硬拉，需要请医生切开伤口取出。但去就医时，伤足不能着地行走，应该让人搀扶或背着前去。一定要尽快注射破伤风预防针。

34. 切割伤时如何应急救护?

切割伤是指由利器切割所造成的人体损伤，如锋利的刀剪、金属片及玻璃碎片等所造成的损伤。伤口一般较整齐，可呈直线状，周围组织损伤较轻，伤口可深可浅，一般出血较多。手指和四肢的切割伤容易造成神经、肌腱和大血管的损伤。在出血、疼痛的同时，会有相应的功能障碍，手指的切割伤如果伴有肌腱和神经的损伤，可相应出现手指活动功能障碍和皮肤感觉功能障碍。

如意外造成切割伤，要保持镇静，不要慌张，要仔细观察伤口的数量、部位、形状和大小，查看伤口有无异物、有无污物以及出血的颜色和出血状态，如出血呈喷射状或泉涌样，往往有动脉和大血管的损伤。对于大的伤口，出血较多且为大血管损伤者应立即送往医院急救。

（1）对于较小的浅表切割伤的处理步骤

1）清洁。清除伤口内较大异物，如玻璃碎片或金属片，以免这些锐利异物在肢体移动时造成进一步的组织损伤。将伤口周围清洗干净，再挤出污血，并用消毒液将伤口周围消毒。次序为先用碘伏消毒创面，再用75%酒精脱碘，注意应由内向外消毒伤口。

2）包扎换药。对于小于1厘米的非关节周围的伤口，一般不需缝合。可选用干净的敷料和绷带将伤口加压包扎，若肢体上的切割伤合并有大出血时，可在伤口的近心端肢体用止血带止血，如小腿受伤可在大腿处扎止血带。此外，要注意防水，保持清洁干燥。

3）应用抗生素或破伤风抗毒素。如果伤口较深并有严重的污染，应立即去医院就诊并注射破伤风抗毒素，以防止发生破伤风，口服抗生素2～3日。对于较深较大的切割伤口，或发生在脸面和四肢关节的伤口，以及怀疑有神经、肌腱和大血管损伤的切割伤，均应立即送往医院进行治疗。

4）在送伤者去医院途中，尽量减少受伤肢体的活动，以防止断裂的血管、神经和肌腱的移位和回缩，否则会给修复手术带来困难。

（2）对于已造成严重伤害甚至断肢的切割伤的处理步骤

1）让伤者平躺，用一块敷料或清洁布块，放在断肢伤口上，再用绷带固定位置。如果找不到绷带，也可用毛巾包扎。

2）处理好伤者后，设法找回断肢。若离断的伤肢仍在机器中，不得将肢体强行拉出，或将机器倒开（转），以免增加损伤的机会。正确的方法应是拆开机器后取出。如果手臂切断，应用绷带把断臂挂在胸前，固定位置；若是腿被切断，应与另一条腿扎在一起。

3）取回断落的肢体后，立即用无菌敷料或干净布片包扎，放入塑料袋或橡皮袋中，结扎袋口。若一时未准备好袋子或无菌敷料，可暂置于4 ℃的冰箱内（不能放在冷冻室内）。运送时应将装有断肢的袋子放入合适的容器中，如广口保温桶等，周围用冰块或冰棍冷冻，迅速同伤者一起送医院以备断肢再植。断肢伤的很多病例只要现场进行正确的处理，并在伤后6～8小时内通过手术进行断肢再植，恢复断肢的血液循环和神经功能，有可能恢复肢体的完整功能。

4）断落后的伤肢，如有少许皮肤或其他肌腱相连，不能将其离断，应放在夹板或阔竹片上，进行包扎，立即送到医院作紧急处理。严禁在断落伤肢的断端涂抹各种药物及药水（包括消毒剂），更不能涂抹牙膏、灶灰之类试图止血。

5）严禁将断落后的肢体浸泡在酒精或福尔马林液中，否则会造成肢体组织细胞凝固、变性，失去再植机会；同样，也不能浸在高渗葡萄糖液或低渗液中。装有断肢的袋子不能有破裂，应防止冰块与其直接接触，以免冻伤。

35. 擦伤时如何应急救护?

皮肤擦伤是钝性致伤物与皮肤表皮层摩擦而造成的以表皮剥脱为主要改变的损伤，又称表皮剥脱，是常见的创伤之一，常因钝器打击、坠落及交通事故等原因造成。皮肤擦伤通常累及表皮和真皮层，且创面内常有泥沙石子等异物嵌入。若处理及时妥当，彻底清除异物及坏死组织，创面多在10天左右愈合，短期内可存在色素沉着，一般不会遗留瘢痕；若损伤深达真皮网状层，遗留瘢痕的可能会增加。若处理不当可导致皮肤溃烂，形成创面溃疡，严重者继发感染；若创面异物未彻底清除干净，愈合后会遗留有外伤性文身、瘢痕等难以挽回的后果。因此，及时、正确地处理擦伤是十分关键、重要的。

（1）清创

擦伤表面往往沾有泥灰或者其他脏物，因此清洗创面是防止伤口感染的关键步骤。可用淡盐水清洗创面（1 000毫升纯净水中加食盐9克，质量分数约为0.9%），没有条件也可用自来水边冲边用干净棉球擦洗，将泥灰等脏物洗去。

（2）消毒

可以用双氧水、医用酒精、碘伏对伤口进行消毒。碘伏由于刺激性小，疗效确切，已经成为首选消毒药物。注意尽量不要把酒精涂入伤口内，否则会引起强烈的刺痛感。

（3）涂药

可以在创口涂抹云南白药软膏、红霉素软膏等消炎抗菌软膏，每天使用2~3次，通常2~3天，擦伤的情况就会缓解。在用药期间，伤者应该注意患处的卫生，避免感染。

（4）包扎

小伤口可以不包扎，但要注意保持创面清洁干燥，创面结痂前尽可能不要沾水。伤口较大时，可以用无菌敷料包扎。关节附近的擦伤，一般需要包扎，因为干裂会影响关节运动，一旦发生感染，也容易涉及关节。

（5）就医

如果擦伤的创口较深、面积较大、污染较重时，应立即就医进行处理，24 小时内要尽快注射破伤风抗毒素或破伤风免疫球蛋白，预防破伤风感染。同时，应口服 3～5 天的消炎药物，如头孢呋辛、头孢孟多或头孢美唑等，这些药物对预防伤口感染具有良好的效果。

36. 灼烫伤时如何应急救护?

灼烫伤是指火焰烧伤、高温物体烫伤、化学灼伤（酸、碱、盐、有机物引起的体内外的灼伤）、物理灼伤（光、放射性物质引起的体内外的灼伤）。

伤者灼烫伤时，对于不同的致伤源应采取不同的应急救护方法。

（1）火焰烧伤

衣服着火，应迅速脱去燃烧的衣服，或就地打滚压灭火焰，或以水浇灭，或用衣被等物扑盖灭火，切忌站立喊叫或奔跑呼救，以防增加头面部及呼吸道损伤。

（2）热液烫伤

受伤后应立即脱去被热液浸湿的衣服，摘下饰物，如果与皮肤发生粘连，不得强行脱去伤者的衣物，以免扩大烫伤表皮。

（3）化学灼伤

受伤后应先将浸有化学物质的衣服迅速脱去，并立即用大量水冲洗，尽可能地去除创面上的化学物质。如果是生石灰烧伤，应先擦净生石灰粉粒，再用水冲洗，以免生石灰遇水发热，加重灼伤。

（4）电烧伤

受伤后应立即切断电源。用凉水冲洗，这样不但可以减少创面余热对仍有活力的组织继续造成损伤，而且可以降低创面的组织代谢，使局部血管收缩、渗出减少，减轻创面水肿程度，并有良好的止痛作用。在伤者可以耐受的前提下温度越低越好，冲洗时间尽量不少于 30 分钟。切勿用冰直接敷伤口，这样会进一步破坏皮肤的细胞组织。

（5）烧伤创面的保护

忌涂有颜色的药物，以免影响对烧伤程度的观察。也不能涂油膏（如牙膏、化妆品、凡士林、牛油、肥皂或食用油等），以免增加送医后清创的困难，还会使伤势恶化。保留水疱皮，也不要撕去腐皮，在现场附近，可用无菌敷料或布类保护创面，避免转送途中感染，切勿用黏性敷料包裹伤口，如石膏绷带、胶布或绒毛布。

（6）减少服用镇静止痛药物

烧伤者伤后多有不同程度的疼痛和躁动，应尽量减少镇静止痛药物的服用，防止掩盖病情变化，并可防止休克。

（7）气道吸入性损伤

气道吸入性损伤的治疗应于现场立即开始，保持呼吸道通畅，解除气道梗阻，不能等待诊断明确后再进行。伴有面颈部烧伤者，在救治时要防止再损伤。

（8）烫伤严重者

对烫伤严重者应禁止大量饮水，以防休克。口渴严重时可饮少量盐水，以减少皮肤渗出，有利于预防休克。

（9）搬运伤者、创面处理动作要轻，不要用带颜色的药物，以免影响对烫伤部位的观察，对严重灼烫伤，应注意伤者的血压、脉搏、呼吸及神志变化，防止休克。同时尽早将伤者送往医院治疗。

（10）对爆炸冲击波烧伤的伤者要注意有无颅脑损伤、腹腔损伤和呼吸道损伤。

37. 化学性眼灼伤时如何应急救护?

化学性眼灼伤是由于眼直接接触碱性、酸性或其他刺激性、腐蚀性毒物的气体、液体或固体所致眼组织的腐蚀破坏性损害，是常见的职业性眼损伤。危险化学品和药物可以引起化学性眼灼伤。

眼灼伤程度与化学物质的种类、浓度、剂量、作用方式、接触时间、面积及其温度、压力和存在状态有关。化学物质的性质和浓度直接影响眼灼伤程度，且化学物质的性质和浓度决定了眼部损伤的速度和深度。酸灼伤常由硫酸、亚硫酸、硝酸、盐酸、氢氟酸、醋酸、有机酸等酸性物质引起。碱灼伤常由石灰、氨水、氢氧化钠、氢氧化钾、卤水、农药等碱性物质引起。

通常碱性灼伤重于酸性灼伤。

发生化学性眼灼伤时应采取以下急救措施：

（1）立即脱离事故现场。

（2）冲洗。原则上应立即、就近使用大量清水冲洗眼部，至少冲洗 10 ~ 15 分钟，直至结膜囊内化学物质清除为止。若有条件，以生理盐水彻底冲洗结膜囊，其用量为每只眼至少 500 毫升，冲洗时间一般为 5 ~ 10 分钟，以彻底清除结膜囊内的化学物质为止。

（3）冲洗时应拉开上下眼睑，摆动头部，仔细检查结膜穹隆部，以利于清除结膜囊内存留的化学物质。

治疗化学性眼灼伤后要预防感染，加速创面愈合，防止睑球粘连和其他并发症。严重眼睑畸形者可施行成形术。

38. 化学性皮肤灼伤时如何应急救护?

化学性皮肤灼伤是指常温或高温的化学物质接触到皮肤，对皮肤的刺激、腐蚀作用及化学反应热引起的急性皮肤损害，不包括火焰伤、水烫伤和冻伤。

某些化学性皮肤灼伤可伴有眼灼伤、呼吸道灼伤或合并化学中毒，化学物灼伤合并中毒或迟发性中毒应予以特别注意，例如，黄磷、三氯化锑、乙二胺、二甲基甲胺、硫酸二甲酯以及热的四氯化碳、硝基苯、苯胺等灼伤可合并有肝脏损害；苯酚、甲酚、二氯酚黄磷以及热的萘灼伤可合并有肾脏损害；可溶性钡盐（氯化）、氢氟酸、草酸等灼伤可合并有心脏损害。

由无机酸类（硫酸、盐酸、硝酸、氢氟酸、氢溴酸、铬酸）、有机酸类（草酸、三氯乙酸、冰乙酸、乙酸、氯乙酸、丙烯酸、甲酸）、无机碱类 [氢氧化钾（钠）、氢氧化铵（氨水）]、有机碱类（甲胺、乙醇胺、硫酸二甲酯、二甲基亚砜）、酚类（苯酚、甲酚、二氯酚）引起的化学性皮肤灼伤可采取以下应急救护措施：

（1）迅速将伤者移离事故现场，并尽快脱去被化学物质污染的衣服、手套、鞋袜等。

（2）立即用大量流动清水彻底冲洗被污染的皮肤。冲洗时间应考虑当时的气温及伤者的耐受程度，一般要求冲洗 20～30 分钟，至少不低于 15 分钟。碱性物质灼伤后冲洗时间应延长。应特别注意眼及其他特殊部位如头面、手、会阴的冲洗。

（3）灼伤创面经水冲洗处理后，必要时可进行合理中和治疗。

（4）化学灼伤创面应彻底清创，剪去水疱，清除坏死组织，深度创面应立即或早期进行切（削）痂植皮或延迟植皮。

（5）化学灼伤的其他处理与热烧伤的常规处理相同。

其他化学物质，如金属钾（钠）、石灰石、电石引起的化学性皮肤灼伤需用油覆盖，且因以上化学物质遇水会发生化学反应，造成二次伤害，所以需用大量水冲洗。再如黄磷，使用流动清水冲洗前应先在暗处剔除黄磷颗粒，可使用 1%～2%（质量分数）的硫酸铜溶液作为清洗剂，但硫酸铜作为显示剂、解毒剂，大面积使用时应注意防止硫酸铜中毒。此外，需要注意的是，皮肤接触到油性化学物质后，应立即先用吸附棉（纸）等，尽可能地吸附掉化学物质，然后再用清洗剂冲洗。

39. 创伤性脑损伤如何应急救护?

创伤性脑损伤，简称颅脑外伤，是指由创伤（即物理外力，而不是缺血、缺氧、肿瘤或中风）导致的脑功能损害。脑功能的改变可表现为意识丧失或减退，精神状态改变，对事件的记忆不完全，或神经学上的损害。外力包括头部遭受打击或撞击、快速的加减速运动、异物穿透、冲击波伤害等。

颅脑是人体极为重要的器官，缺氧5分钟即可造成脑死亡。因此，在颅脑损伤的抢救与治疗中，时间是一个非常重要的因素。救治越早，伤者的生存率和生存质量越高，死亡率和致残率越低。应急救护过程中应做好以下几点：

（1）做好气道管理

颅脑损伤由于昏迷、呕吐物、外伤出血等均可造成误吸而导致呼吸道梗阻、窒息。由于呼吸道不通畅，使机体缺氧和二氧化碳滞留，会加大脑水肿发生概率。因此保持气道通畅是急救过程中的首要措施，对促进恢复和预后有着重要作用。另外，颅脑外伤伴有呕吐时，应保持呼吸道的通畅，及时清理口腔内异物，必要时需插管。

（2）对有开放性颅脑损伤者的处理

对开放性颅脑损伤者进行伤口保护性包扎。对膨出的脑组织，用无菌碗或敷料圈保护包扎，以防止膨出物破裂和被污染。如伴有脑脊液耳鼻漏，应保持外耳道或鼻孔周围清洁，忌冲洗或堵塞耳鼻腔，以免脑脊液逆流导致颅内感染。合并四肢骨折者应夹板固定，大出血应迅速包扎止血。

（3）无意识障碍伤者的处理

伤者受外伤或伤后无意识障碍，无频繁呕吐、头痛、颈软，无明显神经定位体征，可在其他人陪同下到医院就诊。对短暂意识丧失伤者，若无明显神经定位体征或为枕部外伤，应在严密观察下转送到医院救治。

（4）有神经定位体征伤者的处理

伤者受外伤时有意识障碍或检查有神经定位体征，但伤者尚能对周围事物有简单反应，应立即送往有脑外科的医院。伤者受伤时就有意识障碍且持续时间较长或语言混乱，不能按吩咐行事，由浅昏迷到重度昏迷的伤者均应及时进行气管插管以保持呼吸道通畅，及时送往有脑外科的医院救治。

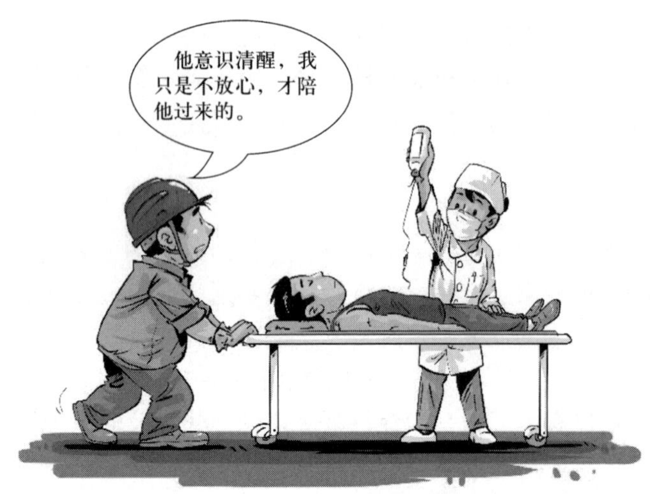

（5）安全转运

经急救处理后，应及时安全转运伤者。转运过程中固定伤者头偏向一侧，转运时尽量稳、准、轻，以降低转运中二次受伤的概率。颅内压高的伤者应将头部抬高 15° ~ 30°，以利于颅内静脉回流和减轻脑水肿。要提前与医院取得联系，保证伤者入院后能够得到及时检查、接诊，及时手术，为医院治疗打下良好的基础。

（6）对于伤势严重者应给予脱水治疗

外伤时有短暂的意识丧失，但无明显定位体征者给予 50% 葡萄糖 100 毫升静脉注射；受伤时有意识障碍，但伤者尚有简单的反应者给予 200 毫升快速静脉滴注；受伤后有较长时间的意识障碍或有神经定位体征者，应静脉推注 20% 甘露醇 250 毫升、呋塞米 40 毫克。

40. 眼外伤时如何应急救护?

眼外伤是指眼球及其附属器官在外力的作用下出现的机械

性、化学性损害，使眼球及其附属器官的正常功能受损。发生眼外伤后，首先要判明受伤的部位、性质和程度，然后根据不同的情况给予相应的处理。

（1）颜面部受击

颜面部由于受到钝性打击，仅引起眼眶周围软组织肿胀而无破口，因眼眶周围组织血管分布丰富，皮下出血后往往青紫肿胀，故受伤后不可按揉或热敷，以免加重皮下血肿。应立即用冰袋或凉毛巾进行局部冷敷，以消肿止痛。48 小时后可改为热敷，以促进局部瘀血的吸收。如仅为眼外部皮肤破裂而眼球无损伤者，必须注意保持创面清洁，不可用脏手或不洁的毛巾擦捂伤口，以免引起感染累及眼球而影响视力。应用无菌敷料或手帕包扎后，尽快送往医院眼科进行清创缝合，以避免日后留下较大的瘢痕。

（2）眼睑裂伤

眼睑裂伤可能会导致大量出血，可用无菌敷料或其他消毒物品覆盖于创口处，再用绷带加压包扎，或用手掌压住伤口，一般都能暂时止血。若无绷带，也可用长手帕或长毛巾加压包扎，然后送往医院进行清创缝合处理。

（3）眼球受击

眼球受到钝性撞击或擦伤后会出现眼内异物感、畏光、流泪等症状，此时，如有抗生素眼药水，可点眼以预防感染。而后用无菌敷料或手帕遮盖眼睛，再到医院进行治疗。切记不能用手揉搓伤眼，以防角膜上皮擦伤。

（4）眼球受伤

受伤后，伤者若视物感不见或眼前一片红色、有热泪自眼内流出，忌用力揉眼、咳嗽及剧烈活动，应用绷带或手帕加压包扎伤眼后急送有条件的医院进行抢救。否则，将会造成无法挽救的后果。

（5）化学性眼外伤

化学性眼外伤是指由化学物质所引起的眼部损伤，主要是眼部组织和化学性致伤物质直接接触所致，常见的为酸性与碱性化学物质。受伤后应立即用大量的清水冲洗，冲洗时要打开眼睑，使水能直接冲洗眼睛，反复冲洗，时间至少15分钟。边冲洗边转动眼球，注意不要让污染的水流入另一只眼中，紧急处理后送往附近医院进行抢救。

（6）有机磷农药误入眼，伤眼灼痛、流泪感

这时应立即离开危险区域，用大量2%碳酸氢钠溶液或清水冲洗伤眼20分钟以上。

（7）刺激气体伤眼，伤眼灼痛、流泪感

若是氨或一甲胺等气体损伤，应在远离现场的同时用硼酸溶液、生理盐水或大量清水冲洗伤眼。若其他刺激性气体伤眼，在脱离现场的同时，用2%碳酸氢钠溶液、生理盐水或大量清水冲洗。紧急处理后，一般症状即能解除，严重者，送附近医院治疗。

41. 胸部创伤时如何应急救护?

胸部发生严重创伤时会伤害心脏或肺等器官，伤情往往发展迅速，如不及时救治，伤者将会有生命危险。

（1）胸部外伤的主要症状

1）受伤后胸痛，呼吸时加重。胸壁上有瘀血肿胀或见伤口。

2）呼吸困难、呼吸费力、咯血。常见的受伤类型有肋骨骨折、气胸、血气胸。

3）最严重的胸部外伤是开放性气胸。胸部有开放性伤口，伤口内可见到血性泡沫溢出，伤者呼吸极度困难，口唇明显青紫。

（2）胸部外伤的急救方法

1）保持呼吸道通畅，尤其是昏迷伤者。

2）吸氧疗法。

3）清醒伤者取半坐位，以利于呼吸。

4）封闭开放伤口、固定胸壁。用毛巾、干净衣物迅速填塞和覆盖伤口，并进行固定。覆盖范围应超过伤口边缘5厘米。

5）运送伤者时可使其半坐位，在医生护送下，迅速送医院急救。

42. 腹部外伤时如何应急救护?

腹部外伤多见于火器伤、刀刺伤，或意外灾害，如地震、车祸等。根据腹膜与外界是否相通，分为开放性和闭合性损伤，可引起出血、内脏损伤、休克或感染，甚至死亡。因此，加强现场对腹部外伤的急救和安全快速运送伤者到达医院，对提高腹部外伤的治愈率、降低死亡率有重要意义。

腹腔内的脏器很多，空腔脏器有胃、肠、胆，实质脏器有肝、脾、肾、胰等，在外力打击下，均可造成破裂、穿孔、出血等损伤。腹部钝器伤或车祸撞击后，可发生肝、脾破裂，导致腹腔内大出血；肾损伤会造成尿液渗漏；胰腺损伤后可使胰液外溢，造成弥漫性腹膜炎。有一部分腹部损伤的伤者在受伤早期无任何感觉，直到大量失血发生休克才被发现。腹部损伤如有创口与外界相通，内脏可能外露，处理不当可造成严重的感染。

（1）腹部外伤的症状

1）受伤后腹痛、腹胀，伤者拒绝他人触摸腹部，可伴有恶心、呕吐、血尿、便血等。

2）受伤后逐渐出现失血的症状，如面色苍白、头晕、无力、心慌、气短，神志模糊，但未见到外伤。

3）腹部被锐器击伤后，腹部有创口，可见内脏从腹腔内脱出。

（2）腹部外伤的急救方法

1）注意保护脱出的内脏，防止感染。伤者取半卧位或平卧位，膝下用枕头垫起，尽量不要用力咳嗽，以防内脏继续脱出。如果腹部进入异物，不要拔出来，应设法固定。

2）腹部受伤但未见伤口，要警惕内出血的可能性，密切观察伤者的呼吸、脉搏、神志等生命体征。伤者必须停止活动，即使自己能行走的也要躺下。严禁饮水和进食。

3）立即送伤者去有条件的医院救治。搬抬伤者时动作要轻柔，途中密切观察伤者生命体征的变化。

43. 踩踏伤时如何应急救护?

踩踏伤通常发生在空间有限、人群相对集中的公共场所。例如，2004 年元宵节，北京密云举办灯会，因人流拥挤导致踩踏事故，造成 37 人死亡。再如 2014 年 12 月 31 日 23 时 35 分，正值跨年夜活动，因很多游客、市民聚集在上海外滩迎接新年，上海市黄浦区外滩陈毅广场东南角通往黄浦江观景平台的人行通道阶梯处底部有人失衡跌倒，继而引发多人摔倒、叠压，致使拥挤踩踏事件发生，造成 36 人死亡、49 人受伤。

（1）踩踏伤的特点

踩踏事件易发地形包括拱形桥、楼梯拐角、光线不良的狭窄通道、复杂地形等。踩踏伤大多源于事故或突发事件，不管是自然灾害还是事故灾难，往往造成大批的人员伤亡。人们跌倒挤压受伤，跌倒的人无力站起而加重损伤。有时人群像叠罗汉一样，有数层高，被压在最下面的人受伤最严重。

踩踏伤的伤情与受到踩踏力及受力部位有关。实际上，踩踏伤造成的内伤比外伤严重。很多伤者表面并无伤口，但是内伤很重，常有人出现昏迷、呼吸困难、窒息等严重情况。

胸部受到踩踏，伤者发生窒息，空气不能由肺内排出，胸腔压力骤然升高，引起上半身毛细血管扩张破裂，造成头面部、颈部、肩部、上胸部皮肤点状出血，如同玫瑰疹子一样。胸部受踩踏后，可合并肋骨骨折、气胸、血胸、心脏或肺挫伤，会导致呼吸突然停止而死亡。

头面部受到踩踏，颈部皮肤会出现大片紫红斑，肩部、上胸部有针尖大小皮下出血点和皮下瘀斑。可引起眼结膜出血，耳鼻出血、耳鸣或鼓膜穿孔引起耳聋，还可引起视力减退、失明。

（2）踩踏事件现场急救原则

发生踩踏事件，应立即向“120”急救中心求救并向政府部门报告，以便展开有效的现场急救。

要保障现场环境安全，在维持好秩序的情况下开展急救。因为踩踏事件现场非常混乱，救援时存在极大的困难。当出现大量人员伤亡时，应先救重伤者。

现场急救时，一般不应随便移动伤者，而是就地评估伤势进行现场急救。但是在踩踏事件现场，人群相互挤压在一起，不利于评估伤势和进行急救。因此，要首先缓解挤压，即要把压在上面的伤者移开。这时，就要注意在移动伤者的过程中一定要防止伤者的伤势加重。转运时，对于怀疑颈椎损伤的伤者，应注意保持头颈与躯体的中立位，不要使其颈部扭曲和屈曲。

对于踩踏伤来说，最重要的是对窒息和呼吸停止的急救。其具体做法是：把伤者从危险区域解救到相对安全的地方后，立即检查有无意识和反应，即大声呼喊并拍打伤者肩膀，同时观察其有无呼吸。如果无意识反应，说明伤势严重。这时，首先要帮助伤者开放呼吸道，并且使空气流通，有条件的话，可及时给吸氧。如果既无意识反应又无呼吸，应立即施行心肺复苏。先进行胸外心脏按压，然后进行口对口人工呼吸，坚持做下去，直到医务人员赶来。

对于存活的伤者，初步检查伤势，进行止血、包扎、固定。胸部外伤导致呼吸困难或反常呼吸的伤者，往往是多处多段肋骨骨折。此时，可用毛巾、三角巾等包扎胸部进行临时固定，尽快送医院处理。

44. 挤压伤时如何应急救护?

挤压伤是由挤压造成的直接损伤，是指人体肌肉丰富的部位，如四肢、躯干遭受重物长时间的挤压而造成的以肌肉伤为主的软组织损伤。遭受挤压后，通常受压的肌肉组织会大量变性、坏死、组织间隙液渗出、水肿，表现为局部肿胀、感觉麻木、运动障碍。挤压伤可以引起以肌红蛋白尿、肌红蛋白血症、高钾血症和急性肾功能衰竭为特征的挤压综合征，如果救治不及时、不适当，可导致突然死亡。挤压伤主要是由自然灾害（如地震）、工矿生产安全事故、建筑物倒塌等情况导致的损伤。

（1）引发挤压伤的因素

地震、塌方、车祸、爆炸等事故灾难引发的埋压、挤压、冲击均可造成挤压伤；手、足被砖石、门窗、机器等暴力挤压受伤；人群自身拥挤、踩踏造成伤害；长时间固定体位，如无意识的伤者长时间躺卧在硬地上。

（2）挤压伤可能造成的后果

1）心搏骤停。发生意外灾难时，四肢或身体被重物挤压的时间很长（1~6小时或以上），如地震伤员被压埋在废墟下，肢体尤其是下肢被砖瓦等压迫，当被救出时，肢体的压迫一旦解除，血液迅速进入已经没有生命的组织，并带来坏死肌肉富含的钾离子，引起心律失常甚至心搏骤停。

2）伤肢组织坏死。被压肢体可能是开放性损伤甚至骨折，也可能没有伤口，表面多有压痕和皮肤擦伤。初期伤肢有间歇麻木和异样感觉，之后肢体严重肿胀，肢体深部广泛剧烈疼痛，逐渐加重，并向手足端放射。皮肤紧张、发亮，触诊较硬。受压部位或其远端可出现片状红斑、皮下瘀血，皮肤颜色发青、发黑或发紫，有水疱形成，压痛明显。指（趾）甲下血肿呈黑紫色。远端脉搏减弱或消失，肢体活动受限。

3）内出血与内脏损伤。挤压伤常常伤及内脏，造成胸部外伤，导致肋骨骨折、血气胸、肺损伤；腹部外伤导致胃出血及肝脾破裂，大量内出血。

4）休克。挤压伤强烈的神经刺激、广泛的组织破坏以及大量的失血，可迅速发生休克，而且不断加重。休克表现如四肢湿冷、头晕、心慌、血压降低、神志恍惚、逐渐昏迷、呼吸加快等，特点是病情重、变化快。部分伤者因早期没有休克表现，或休克期短而未被发现，容易延误救治。

（3）预防挤压伤和挤压综合征

应尽量缩短急救时间，尽快解除肢体和身体的压迫。

当肢体受压时间超过 1 小时，解除压迫前应先准备好预防措施，在受压肢体的近端扎止血带，防止血液对坏死组织的再灌注。

对营救出的伤者进行初步检查，对有内出血、休克的伤者要优先处理。很多伤者被成功地从事故现场的废墟下或毁损的车辆中营救出来后，表面看上去情况正常，比明显有外伤的伤者症状要轻，所以往往不被重视，直到突然血压下降并发生休克时才被发现。这是比骨折更危重的，因重压造成的内脏受伤而内出血的伤者。

为预防挤压综合征，伤者可服用碱性饮料。对于不能饮水者，可用 5% 碳酸氢钠静脉滴注代替，以碱化尿液。

（4）挤压伤现场急救

尽快解除事故现场中压迫的重物。解除压迫后，立即采取伤肢制动，以减少组织分解毒素的吸收及减轻疼痛，尤其对尚能行动的伤者要说明立即进行活动的危险性。如果致压物难以移除，应对伤者现场补液，以稀释毒素，预防休克，对于没有输液条件的，可让伤者饮用碱性饮料，以保护肾脏功能。

被困者一旦从废墟中被解救出来，首先要进行生命体征以及开放性外伤的检查，并根据现场条件进行初步处理。检查时，先大声呼喊、拍打双肩，评估伤者的意识反应；观察伤者呼吸情况，看气道是否通畅、有无呼吸、呼吸有无异常；通过脉搏评估血液循环，确定是否有休克的征兆，及早检出内出血。

要让伤肢尽量暴露在凉爽空气中，或用冷水或冰块冷敷受伤部位，以降低组织代谢，减少毒素吸收。伤肢禁止抬高、按摩和热敷。对于皮肤肿胀明显、张力过大的伤者，应在有条件时切开减张，防止肌肉组织坏死。

对于被挤压的肢体有开放性伤口出血者，应进行止血，但忌加压包扎和使用止血带进行止血。对于肢体肿胀严重者，应注意外固定的松紧度。在转运过程中，应减少肢体活动，不管有无骨折都要用夹板固定。

对于挤压伤的伤者，应例行检查是否有小便排出，及早发现肌红蛋白尿（尿液呈茶褐色、红棕色）。凡受挤压超过 1 小时的伤者，一律要饮用碱性饮料，既可利尿，又可碱化尿液，避免肌红蛋白在肾小管中沉积。对于不能进食者，可用 5% 碳酸氢钠 150 毫升静脉滴注。

挤压综合征是肢体受挤压后逐渐形成的，因此要密切观察，及时送医院，不要因为受伤时无伤口就忽视其严重性。挤压伤综合征的治疗复杂，既要妥善处理好受伤肢体，又要积极防止急性肾功能衰竭，两者相互结合。

密切观察伤者有无呼吸困难、脉搏细数、血压下降的病情变化，积极预防休克，及时送医院救治。

45. 爆炸伤时如何应急救护?

爆炸伤是指由于爆炸造成的人体损伤，广义上的爆炸分为化学性爆炸和物理性爆炸两类。前者主要是由爆炸物类化学物质引起，后者由如锅炉、氧气瓶、煤气罐、高压锅等压力容器内的超高压气体引起。另外，局部空气中有较高浓度的粉尘，在一定条件下也会引起爆炸。爆炸是突发的恶性事故，会造成人员的大量伤亡。

（1）常见爆炸伤的原因

1）工业生产易发生的爆炸事故。包括锅炉爆炸事故，烟花爆竹企业的爆炸事故，煤矿的瓦斯爆炸事故，化工企业、燃油库等的爆炸事故。

2）生活中常见的爆炸事故。燃气泄漏造成的爆燃事故（包括罐装煤气和管道煤气、沼气），高压锅爆炸事故，烟花爆竹爆炸事故。

3）其他突发事件。自然灾害、事故灾难、社会安全事件、人为制造的爆炸事件。

（2）爆炸伤的危害

爆炸瞬间产生的巨大能量借空气迅速向周围传播，形成高压冲击波，不仅对爆炸作用范围内的人员造成严重伤害，而且会使地面和建筑物等受到巨大破坏，继而造成砸伤、压埋伤。爆炸伤的特点是伤情严重、范围广泛且有方向性，兼有高温、钝器或锐器损伤的特点。离爆炸中心越近者，爆炸伤越重。位于爆炸中心及其附近的人，常会造成肢体离断并被抛掷很远、严重烧伤等；离爆炸中心稍远的人，主要会造成冲击波损伤，其特点是外轻内重，体表常仅见波浪状的挫伤和表皮剥脱，但体内常有多发性内脏破裂、出血和骨折等，重者可见挫裂伤和撕脱伤，甚至体腔破裂。冲击波还可将人体抛掷很远，落地时又会造成坠落伤。

（3）爆炸伤的伤害形式

爆炸的性质不同，其造成的伤害形式也不一样，其中严重的多发伤占较大的比例。爆炸伤一般可分为爆震伤、爆烧伤、爆碎伤、有毒有害气体中毒以及心理创伤等。

1）爆震伤又称为冲击伤，发生在距爆炸中心 0.5 ~ 1.0 米范围内，是爆炸伤害中最为严重的一种损伤。爆震伤的受伤原理为：爆炸物在爆炸的瞬间产生高速高压冲击波，作用于人体形成冲击伤。冲击波比正常大气压大若干倍，作用于人体会造成全身多个器官损伤，同时又因高速气流形成的动压，使人跌倒受伤，甚至肢体离断。

2）爆烧伤实质上是烧伤和冲击伤的复合伤，发生在距爆炸中心 1 ~ 2 米范围内，由爆炸时产生的高温气体和火焰造成。严重程度取决于烧伤的程度。

3）爆碎伤是指爆炸物爆炸后直接作用于人体或由于人体靠近爆炸中心，造成人体组织破裂、内脏破裂、肢体破裂，失去完整形态。甚至还有一些是由于爆炸物穿透体腔，形成贯通伤，导致大出血、严重骨折。

4）有毒有害气体中毒是指爆炸后的烟雾及有害气体会造成人体中毒。常见的有毒有害气体有一氧化碳、二氧化碳、氮氧化合物等。

5）心理创伤是指由于爆炸伤害导致的伤亡人数众多，现场的惨状所引起的心理、情绪甚至生理的不正常状态。

（4）爆炸伤的现场急救原则

爆炸伤多是由于突发事件导致的，伤亡人数众多。事件发生后要迅速报警，并且拨打紧急救助电话，对伤员进行救治，同时维持现场的秩序。

医疗急救对短时间内造成大量伤者的现场急救原则是：先救命、后治伤，先救重伤、后救轻伤，先救有救治希望的。有效地利用急救资源，尽快将重伤员送医院进行手术、输血等确定性的治疗。

将伤者尽快转移到安全区。需要注意，如果伤者面色苍白、脉搏细弱，四肢发凉，烧伤面积在 30% 以上，判断已处在休克状态时，不要用冷水冲洗。呼吸道烧伤易发生窒息，要高度警惕，注意清除呼吸道的异物，保持呼吸道通畅。一旦发生窒息或呼吸、心跳停止，立即施行心肺复苏，并尽快送往医院做进一步治疗。还要注意不要给感觉口渴的伤员喝水，可用湿布或棉球湿润其口唇；烧伤创面上切忌涂抹甲紫溶液（紫药水）、消毒药膏甚至酱油等，以免掩盖烧伤的症状，不利于治疗；搬运伤者动作应轻柔，行进要平稳，并随时观察伤者情况，对途中发生呼吸、心跳停止者，应就地抢救。

爆炸伤伤口的处理原则为：尽量保存皮损、肢体，包括离断的肢体，为后期修复、愈合打下基础，最大限度地避免伤残和减轻伤残。颅脑外伤有耳、鼻流血者不要堵塞，胸部有伤口随呼吸出现血性泡沫时，应尽快封住伤口。腹部内脏流出时不要将其送回去，而要用湿的无菌敷料覆盖后用碗等容器罩住保护，免受挤压，并尽快送医院处理。

爆炸现场尤其要注意防护有毒有害气体。穿戴防护镜、面罩、口罩、防护手套、防护鞋、防护服等，做好眼睛、呼吸道和皮肤等的防护。有条件的救援队员应穿戴专业的防护装备，如带供氧装置的防护服。脱离现场后应脱去染毒服装及时进行洗消，包括冲洗眼睛、全身淋浴。对已发生气体中毒的人员，应快速转移到安全的地点进行急救。如果判断呼吸、心跳停止，立即施行心肺复苏。对已经意识不清的伤者，要注意保持其呼吸道的通畅，可以采用仰头提颌法开放呼吸道，但如果是坠落伤或头背部受伤，则要注意保护颈椎，谨慎使用这个手法。

（5）常见爆炸事故现场的急救要点

在工业生产和人们的日常生活中，比较常见的爆炸事故主要有煤矿开采过程中的瓦斯爆炸、烟花爆竹生产和燃放中导致的爆炸、生产和生活中的燃气爆炸。

1）瓦斯爆炸。瓦斯爆炸是指在煤矿开采过程中，由于瓦斯积聚导致爆炸而造成的事故。瓦斯爆炸产生的高温高压，促使爆炸源附近的气体以极高的速度向外冲击，造成人员伤亡，破坏巷道和器材设施，扬起大量煤尘并使之参与爆炸，产生更大的破坏力。另外，爆炸后生成大量的有害气体，会造成人员中毒。

瓦斯爆炸的现场应急措施：①当瓦斯爆炸时，应背向爆炸地点迅速卧倒，如眼前有水沟，应俯卧或侧卧其中，并用湿毛巾捂住口鼻；②距离爆炸中心较近的作业人员，在采取上述自救措施后，应设法迅速撤离现场，防止二次爆炸的发生，所有作业人员在事故发生后，应镇定地统一撤离危险区；③瓦斯爆炸后，应立即切断通往事故地点的一切电源，马上恢复通风，设法扑灭各种明火和残留火，以防再次引起爆炸；④因瓦斯爆炸产生的有毒有害气体而中毒者，应被及时转移到通风良好的安全区域。快速判断突然失去意识的人员是否还有呼吸，发现呼吸、心搏停止者立即在安全处施行心肺复苏，不要延误抢救时机。

2）烟花爆竹爆炸。燃放鞭炮或烟花时不慎被炸伤，以5～10岁儿童多见，男孩多于女孩。被烟花爆竹炸伤的症状表现为：损伤部位依次为手、面部（眼、脸、鼻、唇）、前胸、前臂。其中以眼外伤最常见，其会导致眼球损伤，视力受到严重影响或失明。另外，爆炸还会导致面部烧伤、毁容、手外伤，造成手的功能降低或丧失的情况也较常见。

烟花爆竹炸伤的急救方法：①迅速扑灭伤者身上的火焰并将其救出现场，对手、眼、面部损伤做初步处理后送往医院；②一旦被烟花爆竹炸伤，应马上用大量清水冲洗伤处15分钟以降温和清洁（眼伤除外），并迅速送往医院，切勿涂抹牙膏、酱油等，防止引发感染；③眼睛炸伤不要用水冲洗、尽量保存残留的组织，用无菌敷料遮盖双眼止血包扎，迅速送专科医院处理。

3）燃气爆炸。生活中燃气爆炸的常见形式是罐装煤气爆炸或管道燃气爆炸。造成燃气爆炸的常见原因包括：燃气泄漏、通风不良和存在点火源，其中燃气泄漏主要是由管道老化、松动和人员操作失误引起，而燃气爆炸对于点火源的能量需求较低，简单的静电火花即可引发剧烈爆炸。燃气爆炸一旦发生往往造成较大的人员伤亡和财产损失，这是由于燃气本身具有较高的爆炸危险性，且其发生在生活场所，人流密集、密闭场所等环境因素都会增加爆炸的严重程度。

燃气爆炸的现场急救：①首先要确保救助环境安全，确保没有继续存在的燃气泄漏或其他危险因素。②快速检查伤员的意识、呼吸和循环状况，确定其紧急医疗需求。对于呼吸困难、窒息、烧伤、骨折或心搏骤停的伤员，应立即进行相应的急救措施。③在确保现场安全、伤员得到初步处理后，要对伤员进行分类。根据伤员的伤情严重程度，将其分为不同等级，以便合理分配医疗资源和进行进一步救治。

46. 气体中毒时如何应急救护?

气体中毒事故中最常见的是煤气中毒，也称一氧化碳中毒。一氧化碳是无色、无味、无臭、无刺激性的气体，故易于被忽视而致中毒，常见于家庭居室通风差的情况下煤炉产生的煤气、液化气管道漏气、工业生产煤气以及矿井中的一氧化碳吸入。

（1）一氧化碳的中毒症状

1）轻度中毒。患者可出现头痛、头晕、失眠、视物模糊、耳鸣、恶心、呕吐、全身乏力、心动过速、短暂昏厥的症状，血中碳氧血红蛋白含量可达 10%～20%（质量分数）。

2）中度中毒。除上述症状加重外，还会出现口唇、指甲、皮肤黏膜出现樱桃红色，多汗、血压先升高后降低、心率加速、心律失常、烦躁、一时性感觉和运动分离（即尚有思维，但不能行动）等。若症状继续加重，可出现嗜睡、昏迷现象。血中碳氧血红蛋白含量为 30%～40%（质量分数）。经及时抢救，可较快清醒，一般无并发症和后遗症。

3）重度中毒。伤者迅速进入昏迷状态。初期四肢肌张力增加，或有阵发性、强直性痉挛；晚期肌张力显著降低，伤者面色苍白或青紫、血压下降、瞳孔散大、最后会因呼吸麻痹而死亡。经抢救存活者可有严重并发症及后遗症。

4）后遗症。中、重度中毒伤者有神经衰弱、震颤、麻痹、偏瘫、偏盲、失语、吞咽困难、智力障碍、中毒性精神病或去大脑强直，部分伤者可发生继发性脑病。

（2）一氧化碳中毒的急救措施

一氧化碳中毒的急救措施主要有：

1）抢救人员在进入现场时应加强通风，佩戴一氧化碳防毒面具。

2）使伤者尽快脱离现场，呼吸新鲜空气，有条件的可给吸氧。

3）对一氧化碳中毒者要加强现场抢救，心脏停搏、呼吸骤停者应立即进行心肺复苏。严重中毒者应将患者送往有高压氧舱设备的医院进行治疗。

4）昏迷伤者伴有高热和抽搐时，应给予头部降温为主的冬眠疗法。

5）防治并发症，主要是控制脑水肿及肺水肿，纠正水、电解质、酸碱失衡等。

6）低血压或休克，除采取一般抗休克综合治疗外，早期现场急救可采用抗休克裤。

7）若有抽搐症状立即静注安定10毫克，严重抽搐者可在气管插管后静注硫苯妥钠。

47. 食物中毒时如何应急救护？

一旦发现食物中毒，应及时向所在地卫生行政部门报告，并尽快送重症者到医院救治。现场急救和消毒措施有：

（1）尽快催吐

中毒发生不久，毒素尚未被大量吸收，可用以下办法催吐，减少吸收：

1）用筷子或手指轻触患者咽喉壁，促其呕吐。

2）如毒物太稠，可取食盐20克，加冷开水200毫升让患者喝下，多喝几次即可呕吐。

3）用鲜生姜100克捣碎取汁，用200毫升温开水冲服。

4）肉类食品中毒，可服用十滴水促其呕吐。

（2）药物导泻

食物中毒时间超过2小时，精神较好者可服用大黄30克，一次煎服；老年人体质较好者，可采用番泻叶15克，一次煎服或用开水冲服。

（3）解毒护胃

1）取食醋100毫升加水200毫升，稀释后一次服下。

2）可用紫苏30克，生甘草10克一次煎服。

3）可口服牛奶和生鸡蛋清，以保护胃黏膜，减少毒物刺激，阻止毒物吸收，并有中和解毒作用。

知识学习

对于食物中毒的应急处理还应注意以下事项：

（1）对昏迷者不宜催吐。如果中毒者已出现昏迷，则禁止对其催吐。因为在昏迷状态下，催吐会使残留于胃内的毒物堵塞气管，引起呼吸困难甚至窒息。

（2）就地封存消毒。对发生食物中毒的现场，应就地收集和封存一切可疑的有毒食物，对细菌毒素或真菌类食物中毒、化学性食物中毒以及不明原因的食物中毒，所剩食物均应烧毁或深埋。与有毒食物接触的用具、容器等要彻底洗消。可用碱水清洗，然后煮沸；不能煮沸的用 0.15% 漂白粉浸泡 10～20 分钟，然后清洗干净。

48. 毒蛇咬伤时如何应急救护?

我国境内存在多种毒蛇，如眼镜王蛇、金环蛇、眼镜蛇、五步蛇、银环蛇、蝰蛇、蝮蛇、竹叶青蛇、烙铁头、海蛇等，被咬伤后，严重时会致人死亡。毒蛇的头部多呈三角形，颈部较细，尾部短粗，色斑较艳。毒蛇最重要的标志是牙裂前端有两颗又粗又长的毒牙，被蛇咬后观察伤口，可发现被咬的地方留下两排牙痕。如果其顶端有两个特别粗而深的牙印，就说明是被毒蛇咬的，如果只有两排细小的牙印，就可能不是毒蛇，但还应密切观察是否出现中毒症状。如果被蛇咬的牙印看不清楚，应按被毒蛇咬伤的情况急救。

（1）毒蛇咬伤判断方法

1）神经毒素中毒。伤部症状较轻，仅感麻木，无肿胀渗液。伤后 1 ~ 3 小时后，全身症状出现，并迅速发展，有头昏、头痛、嗜睡、萎靡、视力模糊、眼睑下垂、声音嘶哑、言语困难、流涎、吞咽障碍、恶心、呕吐、牙齿紧闭、共济失调、瞳孔散大、光反射消失、大小便失禁、发热、寒战等症状。重症者出现肢体瘫痪、惊厥、昏迷、休克、呼吸麻痹等症状。

2）血液循环毒素。中毒伤部疼痛剧烈、肿胀明显并迅速向肢体近心端蔓延，伴有出血、水疱、局部坏死，会引起淋巴管炎、淋巴结炎、鼻衄、呕吐、咯血、便血、血尿、贫血，可有溶血性黄疸，病重时出现急性肾功能衰竭、休克等。

3）混合毒素中毒兼有上述两者特征，但不同毒蛇咬伤各有不同，如眼镜蛇以神经毒为主，血液循环毒为次；蝮蛇以血液毒为主，神经毒次之。

（2）毒蛇咬伤急救方法

1）保持安静，卧床休息，限制患肢活动。

2）被毒蛇咬伤以后，立即用止血带或其他替代物（撕下衣服或其他带子），在下肢或上肢伤口的近心端5厘米处用力勒紧，阻止静脉血和淋巴液回流，防止毒液继续在体内扩散。也可用火柴烧灼伤口，破坏蛇毒毒素，然后捆扎止血带。

3）如果手指被咬伤，就用带子扎紧手指根部；前臂被咬伤，扎在臂肘上方；小腿被咬伤，扎在膝盖上方。要特别注意，每隔15～20分钟放松1～2分钟，以防肢体缺血性坏死。当伤口得到彻底排毒处理和服用有效蛇药3～4小时，方可解除结扎。

4）头面或躯体部位被毒蛇咬伤时，不可用带子勒，这时加强排毒更显重要。应立即用各种可行的方法吸出毒血，如用拔火罐、吸奶器等负压器具吸出毒液，紧急时可用嘴从伤口将毒汁吸吮出来，急救者一边吸，一边立即吐出，并用清水或1∶5 000高锰酸钾溶液漱口（口腔黏膜有破损或有龋齿的人不能用嘴吸），以免中毒。

49. 冷冻伤时如何应急救护?

低温引起的人体损伤为冷冻伤，分为非冻结性冷伤和冻结性冷伤。

（1）非冻结性冷伤

非冻结性冷伤由冰点以上至10 ℃以下的低温加以潮湿条件所造成，如冻疮、浸渍足。暴露在冰点以下低温的机体局部皮肤、血管发生收缩，血流缓慢，影响细胞代谢。当局部达到常温后，血管扩张、充血、有渗液。其主要表现为：足、手和耳部红肿，伴痒感，有水疱，感染后糜烂或溃疡。

针对非冻结性冷伤应进行局部表皮涂冻疮膏，每日温敷2～3次。有糜烂或溃疡者应服用抗生素药。

（2）冻结性冷伤

冻结性冷伤大都发生于意外事故，人体接触冰点以下的低温物质，或在野外遇暴风雪掉入冰雪中，或不慎被制冷剂如液氮、干冰损伤所致。

对于冻结性冷伤采取急救复温是救治的基本手段。首先应脱离低温环境和冰冻物体。若衣服、鞋袜等与肢体冻结勿用火烘烤，应用温水（40 ℃左右）融化后脱下或剪掉。然后用38～40 ℃温水浸泡伤肢或浸浴全身，水温要稳定，使局部在20分钟、全身在半小时内复温，直到肢体红润，皮肤温度达36 ℃左右为宜。对呼吸、心搏骤停者，施行心肺复苏。

相关知识

局部冻伤分为以下4级：

Ⅰ度冻伤。伤及表皮层。局部红肿，发热，有痒、刺痛感。数天后干痂脱落而愈，不留疤痕。

Ⅱ度冻伤。损伤达真皮层。局部红肿明显，有水疱形成，感觉疼痛，若无感染，局部结痂愈合，很少有疤痕。

Ⅲ度冻伤。伤及皮肤全层，深达皮下组织。创面由苍白变为黑褐色，周围有红肿、疼痛，有血性水疱。若无感染，坏死组织干燥成痂，愈合后留有疤痕，恢复慢。

Ⅳ度冻伤。伤及肌肉、骨骼等组织，局部似Ⅱ度冻伤，治愈后会有功能障碍或致残。

50. 吸入性窒息时如何应急救护？

吸入性窒息是一种严重的医疗急救情况，通常是由于呼吸道被异物阻塞而导致。这种情况可能会危及生命，因此必须快速采取应急措施救助患者。以下是对吸入性窒息的急救措施：

（1）判断患者是否处于窒息状态

判断患者是否可以呼吸，如果患者无法呼吸或呼吸非常困难，则很可能是因为呼吸道被阻塞。观察患者面部的表情和皮肤颜色，由于缺氧，患者的面部可能呈现蓝紫色，皮肤也会变得苍白。观察患者是否有焦虑情绪，当人体缺氧时，会引发焦虑情绪和意识模糊等症状，因此可以从患者的表情和言语中察觉出来。

（2）紧急呼吸道开放

如果患者处于窒息状态，需要立即采取措施将呼吸道开放，让气体顺畅地进入和流出患者的肺部。应急呼吸道开放方法包括：

1）胸式推压法。让患者仰卧，然后施压到胸部中央，以达到胸式呼吸的效果。

2）垂直抬头法。使患者的头部向后仰，以拉开呼吸道阻塞处，达到垂直呼吸的目的。

3）声门上提法。用手指将患者舌头向上抬起，同时向外向下提起下颌，以拉开声门，让气体顺利进出呼吸道。

（3）协助患者呼吸

如果呼吸道开放后，患者仍然无法进行正常的呼吸，就需要采取一些协助呼吸的措施。这些措施包括人工呼吸法和氧疗法。人工呼吸的具体方法是施救者用口对口或口对鼻的方式，给患者进行呼吸协助，以确保患者能够吸入氧气。氧疗法是给患者使用氧气面罩或鼻导管等氧气供应装置，以给予患者足够的氧气来缓解缺氧。

（4）就医

在采取了上述急救措施之后，应尽快将患者送往医院做进一步治疗。因为吸入性窒息可能会引起多种并发症，如肺炎、肺部疾病等，这些并发症需要医生进行诊断和治疗。

51. 鼻出血时如何应急救护?

鼻出血处理多数不算复杂，但患者在面对大量鼻出血时如果处置不当，也会造成严重后果。在处理鼻出血时可以采取以下措施：

（1）保持冷静，切勿慌张

突然发生的鼻出血，难免会有不同程度的紧张、恐惧等心理反应，这种不良情绪可引起血压升高，加重病情，尤其是高血压患者。此时，应该尽量使自己放松下来，自我安慰，相信鼻出血并不是解决不了的难题。当然也不能任由出血持续，应保持冷静，先行自救或求助。

（2）正确按压，快速止血

推荐使用压迫鼻翼止血法，用出血鼻孔同侧手的大拇指指尖，紧紧压住出血一侧鼻翼的上方，或者直接用拇指和食指捏住两侧鼻翼，压迫 10 分钟左右。要注意的是，往鼻孔里塞纸团试图止血的方法是错误的，自行填塞的纸团对出血点不能产生足够的压力，相反有些粗糙的纸巾还会造成鼻腔黏膜的进一步损伤，加重病情。

（3）合适体位，局部冷敷

出血时应该就近坐下，身体略向前倾，保持头稍低下，张开嘴巴，用嘴呼吸，同时将流向咽喉部的血性液体及时吐出来。头后仰及平躺下来都是错误的，此时血液会通过咽喉进入胃部，积聚的血液刺激胃黏膜可能会引起恶心、呕吐等反应。严重者还将血液误吸入气管及肺部导致窒息。保持合适的体位后，可以用冰袋或者凉毛巾敷于额头或者颈部，或者用凉水冲洗面颈部，通过冷刺激来收缩头颈部区域的血管，可在一定程度上减轻鼻出血。

（4）及时求医

鼻出血的情况可轻可重，虽然可以自救，但需要注意的是，若采用上述方法 10 ~ 15 分钟仍无法控制出血，应立即就医，情况严重者可拨打“120”急救电话求助。

相关知识

采用 5 招预防鼻出血：

（1）改正挖鼻、揉鼻，或者喜欢将异物放入鼻腔等易导致鼻黏膜损伤的不良习惯。尽量避免鼻部的撞击和外伤。

（2）要积极控制慢性病，尤其是老年鼻出血患者多伴有高血压、慢性支气管炎及冠心病等，应该定期去医院就诊。服用阿司匹林等抗血小板聚集药或华法林等抗凝药物者，应该在医生的指导下按时按剂量服用，并定期复查监测相关指标。高血压患者服用降压药不能随便减量或停药，要保持心态平和，避免情绪剧烈波动。

（3）容易鼻出血者，可在每日临睡前使用凡士林软膏少许涂于鼻孔前端，尤其是双侧鼻腔内侧前端的鼻中膈黏膜处；也可使用复方薄荷脑滴鼻液滴入鼻腔，每日 2 次；或者用生理性盐水喷鼻，每日 3 ~ 4 次。房间内比较干燥时建议使用加湿器。早晚外出时可佩戴口罩，减轻冷空气对鼻黏膜的刺激。

（4）慢性鼻炎、鼻中膈偏曲等鼻部疾病要及时诊治，平时不要用力擤鼻涕。突发频繁地打喷嚏时，可采用张口深呼吸、舌尖抵住上颚等方法来缓解。

（5）多吃蔬菜水果，保持大便通畅。慢性便秘者可适当使用缓泻剂。少吃煎炸类、腌制及辛辣食物，不吸烟，少喝酒、浓茶等具有刺激性的饮品。服用中药滋补者要在中医师的指导下进行。

三、常见生产安全事故应急救护

52. 如何处理初期火灾？

初期火灾是指在火灾发生的初期阶段，火势相对较小，但如果不及时处理，可能会迅速蔓延的火灾。处理初期火灾是非常重要的，因为如果火势扩大，可能会导致更大的损失和危险。以下是一些处理初期火灾的方法：

（1）冷却灭火法

生产经营单位如有自动喷水灭火系统、消火栓系统或配有相应的灭火器，应使用这些灭火设施灭火。如缺乏消防器材设施，可使用简易工具，如用水桶、面盆等盛水灭火。但必须注意，对于忌水物品切不可用水扑救。

（2）隔离灭火法

隔离灭火法是指将燃烧物与附近可燃物隔离或者疏散开，从而使燃烧停止。这种方法适用于扑救各种固体、液体、气体火灾。火灾现场采取隔离灭火法时可将火源附近的易燃易爆物质转移到安全地点，并应关闭设备或管道上的阀门，阻止可燃气体、液体流入燃烧区；如遇到火灾事故现场有易燃建筑时，应拆除与火源相毗连的易燃建筑结构，创建阻止火势蔓延的空间地带；也可以采用泥土、黄沙筑堤等方法，阻止流淌的可燃液体流向燃烧点。

（3）窒息灭火法

运用窒息灭火法扑救火灾时，可采用以下具体措施：

1）用石棉被、湿麻袋、湿棉被、泡沫等不燃或难燃材料覆盖燃烧物或封闭孔洞。

2）使用泡沫灭火器喷射泡沫覆盖燃烧表面。将水蒸气、惰性气体（如二氧化碳、氮气等）喷入燃烧区域。

3）利用容器、设备的顶盖盖没燃烧区。如油锅起火时，可立即盖上锅盖，或将青菜倒入锅内。

4）用沙土覆盖燃烧物。对忌水物质则必须采用干燥沙土扑救。

5）利用建筑物上原有的门窗以及生产储运设备上的部件封闭燃烧区，阻止空气进入。此外，在无法采取其他扑救方法而条件又允许的情况下，可采用水淹没（灌注）的方法进行扑救。

（4）抑制灭火法

抑制灭火法是将化学灭火剂喷入燃烧区参与燃烧反应，中止链反应而使燃烧反应停止的方法。采用这种方法可使用的灭火剂有干粉和卤代烷灭火剂。灭火时，将足够数量的灭火剂准确地喷射到燃烧区内，使灭火剂阻断燃烧反应，同时还要采取必要的冷却降温措施，以防复燃。在火场上采取哪种灭火方法，应根据燃烧物质的性质、燃烧特点和火场的具体情况，以及灭火器材装备的性能进行选择。

相关知识

在采取窒息法灭火时，必须注意以下几点：

（1）燃烧部位较小，容易堵塞封闭，在燃烧区域内没有氧化剂时，适于采取此方法。

（2）在采取用水淹没或灌注方法灭火时，必须考虑到火场物质被水浸没后是否会产生不良后果。

（3）采取窒息方法灭火以后，必须在确认火已熄灭后，才可打开孔洞进行检查。严防过早地打开封闭的空间或生产装置，而使空气进入，造成复燃或爆炸。

53. 火灾事故现场如何逃生?

在火灾事故现场，了解一些逃生技能可以大大提升我们的生存概率。下面是关于火灾事故现场如何逃生的方法：

（1）选择方便、安全的通道

平时要留心疏散通道、安全出口、楼梯的方位。发生火灾后，应根据火势情况，优先选择最方便、最安全的通道和疏散设施。如楼房着火时，首先选择安全疏散楼梯、室外疏散楼梯、消防电梯等。尤其是防烟楼梯、室外疏散楼梯，更安全可靠，防烟楼梯间装有防排烟设施，可以防止有害烟气侵入。不能利用普通电梯疏散，因为电梯井连接各层，很容易成为烟、热、火的通道，造成有毒气体侵入和电梯变形。

（2）采用简便的防烟措施

“是火三分烟”，烟气是火灾中的“蒙面杀手”，火场中的烟气多含大量二氧化碳、一氧化碳、硫化氢等，吸入这些毒气后就可能有生命危险。事实证明，大部分人往往并非直接被火烧死的，而是被火灾中产生的浓烟熏晕，丧失了求生机会。而逃生人员多数情况下又要经过充满烟雾的通道，才能离开危险区域。若浓烟呛得人透不过气来，可利用防毒面具、多层折叠的湿毛巾或湿口罩捂住口鼻，无水时也可用干毛巾、干口罩。应半蹲或匍匐前进，赢得宝贵的逃生时间。

（3）利用救生绳索等救生器材逃生

如果出口被火封死，也不要慌张，要沉着冷静。可利用救生背带、救生软梯、救生袋等救生器材逃生。也可用结实的绳子，或将窗帘、床单、被褥、布匹等撕成条并拧成绳，用水沾湿，然后将其拴在牢固的暖气管道、窗框、床架上。或者利用楼房的落水管道，但要注意下面的水管是否已被火烘烤、烧断，以免因水管烫手、中途脱手而坠楼身亡。被困人员可顺绳或管道缓慢滑到地面或下层非起火楼层，在到达非起火楼层后可击碎玻璃进入，脱离险境。

（4）跳楼逃生

如果被火困在三层以下楼层，烟火紧逼，时间紧迫，又无其他逃生办法，也得不到他人救助时，可考虑选择跳楼逃生。当然不到万不得已，切勿选择跳楼逃生。如果消防队员已准备好救生气垫，要四肢伸展，对准垫中央跳下。如果没有气垫，在跳楼之前，可将床垫、软沙发、被子等软物先行扔下，再在身上包上棉被等软物，然后手扶窗台往下滑，以缩小跳落高度，并保证双脚首先着落在抛下的软物上，切不可头或腰等部位先着地。

（5）躲避到避难间等待救援

如果以上主动求生措施都无法实施，不要恐慌，可以采取避难措施。暂时无法疏散到地面的人员、行动不便的人员，可以先躲避到建筑物内的避难层、避难间内或屋顶平台，那里的建筑材料耐火等级高，有良好的通风换气设施，能够为消防队员的营救争取一些时间。如果建筑物内无避难间或自己无法到达避难间，或发现火灾较晚，开门前要先用手试一下门把手及门是否灼热，如果灼热，说明外面已是一片火海；如果不觉得热，可用身体和脚抵住房门，小心地将门打开一条缝，观察门外火情。若烟雾弥漫，热气由门缝进入，灼热难耐或用手伸到门外上方感到热气逼人，应立即关闭房门，向房门泼水，并用湿棉被、床单、毛巾等物品封住房门漏烟部位，不停地用水淋湿房门，弄湿房间内的一切物品包括地面，以暂阻火势蔓延进屋。记住要关闭迎着烟火的门窗，打开背对烟火的门窗进行呼吸，赢得救援时间。

同时要积极向外界呼救联系。如果房间有电话要及时报告自己的方位。无电话时，要大声呼救。躺着比站着呼吸效果好，可以防止浓烟危害，避免被烟呛而无法呼吸。如果声音不易被听到，白天可以挥动鲜艳的衣衫、毛巾等，晚上可用点燃的物品、手电等发光物，传递出呼救信号。实在没有办法的情况下，可以采用向楼下扔花盆、水壶等声响大或惹人注意的东西（防止伤人），敲打一些可产生较大声响的金属物品等办法，引起救援人员注意。

（6）身上衣物着火的处理方法

在逃生或避难的过程中，如果不慎衣服着火，既不能跑，也不要拍打，奔跑会加速空气流动，使身上的火越烧越烈。用手拍打一是会灼伤手，二是会搅动空气，助长火势，此外，狂奔乱跑势必会把火种带到别处，有可能引起新的着火点。

身上着火，最重要的是先设法将着火的衣物脱去，如果一时来不及，可把衣服猛撕扔掉。衣服在身上燃烧，不仅会将人烧伤，而且会给以后的抢救治疗带来困难。特别是化纤服装，受高温熔融后会与皮肉粘连，而且还有毒性，会使伤口进一步恶化。

如果来不及脱衣服，可以卧倒在地上打滚，把身上的火苗压灭。倘若有其他人在场，可以用湿麻袋、棉被、毛毯等把身上着火的人包起来，将火熄灭。或者向其身上浇水，帮助他把烧着的衣服撕下来。但是，切不要用灭火器直接向着火人身上喷，因为灭火器内的药剂会使伤口感染。

相关知识

火灾一旦发生，“三要”“三救”“三不”原则一定要牢记。

“三要”主要是指：一要熟悉自己住所的环境；二要保持沉着冷静；三要警惕烟毒的侵害。

“三救”主要是指：一是选择逃生通道“自救”；二是结绳下滑“自救”；三是向外界“求救”。

“三不”主要是指：一不乘坐普通电梯；二不要轻易跳楼；三不要贪恋财物。

54. 如何避免火灾吸入伤?

有效避免火灾吸入伤，可采取以下措施：

（1）佩戴防毒面罩或防火面罩

佩戴防毒面罩或防火面罩是在火场中防止烟气危害的最简单方法之一。面罩可以有效地过滤烟气中的有害成分，保护呼吸道不受损害。但是，在佩戴面罩时要注意面罩的密封性，确保面罩与面部完全贴合，以避免污染空气进入面罩。

（2）湿毛巾捂住口鼻

在火灾现场，如果没有防毒面罩，也可以用湿毛巾盖住口鼻，减轻烟气对呼吸系统的伤害。但是，湿毛巾只是一种临时的方法，不能很好地过滤烟气中的有害物质，特别是对有毒气体，并不能起到很好的保护作用。

（3）靠近地面

在火场中，烟气的浓度会因气流而逐渐增大，因此，如果想减轻烟气对呼吸系统的危害，可以靠近地面移动。这是因为热烟气向上升，绝大多数聚集在屋顶，而靠近地面的空气含烟量较少，移动时应随时注意良好的通风，以确保尽量少吸入烟气。

（4）关闭门窗

当发生火灾时，尽量关闭门窗，以避免烟气侵入室内。

在火灾期间，切记一定不能轻率行事，也不要惊慌失措。

发生火灾时，首先要及时报警，然后迅速采取适当的安全措施，保护好自己的生命安全，等待救援人员的到来。

55. 火灾事故现场如何避免火焰烧伤？

在火灾事故现场，火焰烧伤是最严重的伤害之一，因此我们要采取必要的预防措施以避免伤害。

（1）衣物着火时切勿奔跑、大声呼叫，以免造成呼吸道烧伤。

（2）在室内发生火灾时应卧倒，用湿毛巾捂住口、鼻，看清火源时再设法迅速撤离，切忌惊慌失措、大声喊叫或从高楼跳下。

（3）灭火时不要用手扑打灭火，应利用周边可利用的材料工具灭火或就地打滚灭火。

（4）仔细检查已灭火而未脱去的衣物，防止死灰复燃。

（5）小面积烧伤患者可利用自来水进行冷疗。

（6）受伤后口渴时不要随意大量饮用白开水或其他饮料，受伤儿童更需注意此点。

（7）及早到医院治疗。

56. 发生固体火灾事故如何进行应急处置？

固体火灾事故通常是由易燃固体物质引起的，这些固体物质包括木材、纸张、塑料等。固体火灾可能迅速蔓延，造成重大人员伤亡和财产损失。在处理固体火灾时，需要特别注意火灾的规模和可燃物的性质，同时要避免使用不适当的灭火器。固体火灾事故应急处置步骤如下：

（1）立即报警并启动应急预案

在发现固体火灾时，现场人员应立即拨打火警电话并通知消防部门。同时，迅速通知相关安全管理部门，听从指挥，迅速疏散现场人员至安全区域。

（2）现场人员处理措施

在确保自身安全的前提下，现场人员可以采取以下措施：

1）使用适当的灭火器。根据可燃物的性质选择适当的灭火器。例如，木材火灾可使用干粉灭火器，纸张或塑料火灾可使用二氧化碳灭火器。

2）控制火源。如果可能的话，控制火源并关闭可燃物的供应源，以减少火势蔓延的风险。

3）紧急疏散。在火灾无法控制的情况下，迅速疏散现场人员，避免人员伤亡。

（3）安全评估和事后处理

火灾被控制后，应进行现场安全评估，确保无复燃风险，并进行必要的清理工作。最后，要进行记录和事故原因调查，详细记录火灾发生的过程、应对措施和救援过程，以预防类似事故再次发生。

需要注意的是，在处理固体火灾时，现场人员的安全是最重要的。在不确定火灾类型或如何安全灭火的情况下，不要自行灭火，以免造成人员伤害。

57. 发生液体火灾事故如何进行应急处置?

液体火灾事故通常是由易燃液体引发的，这些液体包括汽油、柴油、酒精或油漆等，火势可能迅速蔓延，造成重大人员伤亡和财产损失。燃烧的液体还可能产生有毒烟雾，对周边的环境和居民健康造成长期影响。以下是液体火灾事故应急处置步骤：

（1）立即报警并启动应急预案

在发现液体火灾时，现场人员应立即通知消防部门，并按照应急预案行动。同时，迅速通知相关安全管理部门，听从指挥，迅速疏散现场人员至安全区域，避免人员接触火源或吸入有害烟雾。

（2）现场人员应急处置

发生液体火灾后，要注意以下两点：

1）要识别液体类型，使用适当的灭火器材

①油类火灾（如汽油、柴油）。切勿用水灭火，因为油会浮在水的表面，导致火势扩散。应使用干粉灭火器或泡沫灭火器。

②酒精火灾。普通泡沫灭火器无效，应使用专用的酒精泡沫灭火器。

③油漆或溶剂火灾。不能使用水，这些液体通常易挥发，会导致火势迅速蔓延。应使用干粉灭火器或二氧化碳灭火器。

④干粉灭火器适用于大多数液体火灾，而二氧化碳灭火器则更适合电气或油类火灾。

2）关闭发生火灾液体的供应源。如关闭阀门，以减少火势扩散的风险。在灭火过程中，应始终保持安全距离，注意自身安全和他人安全。控制火情的蔓延需要专业救援队伍介入，待专业救援队伍到达现场后，由专业救援人员采取进一步灭火措施，并评估现场安全状况。

（3）安全评估和事后处理

火灾被控制后，要进行现场安全评估，确保无复燃风险，并进行必要的清理工作。最后，要进行记录和事故原因调查，详细记录火灾发生的过程、应对措施救援过程，以预防类似事故再次发生。

需要注意的是，在处理液体火灾时，现场人员的安全是最重要的。在不确定火灾类型或如何安全灭火的情况下，不要自行灭火，以免造成人员伤害。

58. 发生气体火灾事故如何进行应急处置?

气体火灾常由天然气、丙烷、丁烷或化工厂中的易燃易爆气体泄漏引发，会造成严重后果，因此，采取正确的应急措施对于控制和扑灭气体火灾至关重要。以下是气体火灾事故应急处置步骤:

（1）立即报警并启动应急预案

一旦发现气体泄漏或火情，现场人员应立即拨打报警电话、通知消防部门，并启动应急预案。迅速疏散现场所有人员，尤其是处于高风险区域的人员，确保这些人员迅速撤离到安全区域。

（2）识别气体类型，采取适当措施

1）天然气或城市燃气火灾。关闭总阀门，切断气体供应。使用干粉灭火器进行初期灭火，避免使用水，水会导致气体扩散。

2）丙烷或丁烷火灾。确保安全距离，远离正在燃烧的容器，因为此类火灾存在爆炸的风险。如果情况允许且可以安全地接近，应关闭阀门，切断气源，使用干粉灭火器或二氧化碳灭火器扑灭火焰。

3）化工厂气体火灾。立即撤离危险区域，避免吸入有毒烟雾。待专业救援队伍到达后，由其根据具体情况采取行动。

要注意保持安全距离和警戒，设立安全警戒区域，避免非专业人员进入。待专业救援队伍到达后，由其评估情况并采取专业的灭火和控制措施。在确保安全的前提下，增强现场的通风，以减少有毒烟雾和气体的危害。

（3）安全评估和事后处理

火灾得到控制后，应对事故现场进行安全评估，确定是否存在复燃或其他安全隐患。详细记录事故发生的过程、应对措施和救援过程，总结经验教训，进行事故原因调查，以预防类似事故再次发生。

59. 发生煤矿井下火灾如何进行应急处置？

煤矿井下火灾是极其危险的事故，其通常由机械摩擦、电气短路或开采作业中的火源引发。煤矿井下火灾不仅会迅速蔓延，还可能引发瓦斯爆炸，造成次生事故。同时，火灾可能导致煤矿内有毒烟雾和气体的累积，进一步加剧救援难度和安全风险。以下是发生煤矿井下火灾事故的应急处置步骤：

（1）立即报警并启动应急预案

在矿井下，无论任何人发现烟雾或明火，确认发生火灾，要立即报告调度室。火灾初期是灭火的最佳时机，首先要保证有足够的水量，从火源外围逐渐向火源中心喷射水流；其次保证正常通风，要有畅通的回风通道以将高温气体排除。如果火势较大无法扑灭，或者其他地区发生火灾接到撤退命令，要立即组织避险、进行自救。

（2）现场人员自救互救

矿山进风井口、井筒、井底车场、主要进风道和硐室发生火灾时，为抢救井下人员，应进行反风或风流短路。反风前，必须将原进风侧的人员撤出，并采取阻止火灾蔓延的措施。如采取风流短路措施时，必须将受影响区域内的人员全部撤离。多台主要通风机联合通风的矿井反风时，抽出式矿井要保证非事故区域的主要通风机先反风，事故区域的主要通风机后反风，需注意压入式矿井正好相反。向火源大量灌水或从上部灌浆时，严禁人员靠近火源地点作业。

（3）安全评估与事后处理

为使遇险人员能够在火灾紧急情况下迅速脱离危险，矿山企业都须做好以下准备：编制井下各工作点火灾撤离路线图和

方案，并组织井下作业人员学习掌握；井下作业人员必须携带自救器，并掌握其佩戴方法；井下每隔一定距离配备一定数量的突发性火灾灭火设备、通风和通信联络装备；调度室工作人员应掌握火灾应急撤离、救灾知识，以便接到火灾求助电话时能在第一时间向遇险人员提供正确的撤离方案指导。

知识学习

井下火灾的常用扑救方法：

（1）直接灭火。用水、惰性气体、高倍数泡沫灭火剂、干粉、沙子（岩粉）等，在火源附近或离火源一定距离直接扑灭矿井火灾。

（2）隔绝灭火。隔绝灭火是在通往火区的所有巷道内构筑防火墙，将风流全部隔断，阻止空气的供给，使矿井火灾逐渐自行熄灭。

（3）综合灭火。先用密闭墙封闭火区，待火区的火熄灭、温度降低后，采取措施控制火区，再打开密闭墙用直接灭火方法灭火。

60. 发生煤矿井下放炮事故如何进行应急处置?

煤矿井下放炮事故是煤矿作业中较为严重的一种事故类型，常因炸药处理不当、忽视安全操作规程或技术操作错误而引发。这类事故不仅会导致直接的爆炸伤害，还可能引起坍塌、火灾或有毒气体的释放，对作业人员的生命安全构成极大威胁。以下是发生煤矿井下放炮事故应急处置步骤：

（1）立即报警并启动应急预案

一旦发生放炮事故，现场作业人员应立刻通知矿井控制中心，控制中心需立即通知地面救援队伍和消防部门。

（2）现场人员自救互救

为防止电气火灾和有毒气体扩散，还应立即关闭受影响区域的电源，调整通风系统，确保矿井内空气流通。作业人员在撤离过程中应佩戴自救器和其他个人防护装备，以防止吸入有害气体并防止由于瓦斯等引发的次生事故。救援队伍到达后，首先对事故现场进行全面评估，确定救援策略，确保救援过程的安全性。在确保无次生危险的情况下，救援人员可使用探测设备搜索被困作业人员，采取措施稳定坍塌区域。如引发火灾，可参照煤矿井下火灾的应急处置方案处理。

（3）安全评估与事后处理

事故控制后，应进行详细的现场调查，确定事故原因，制定改进措施。同时，对救援行动进行复盘，总结经验教训，优化应急预案。

61. 发生煤矿透水事故如何进行应急处置？

煤矿透水事故是指在煤矿开采过程中，由于各种原因导致地下水涌入矿井，造成矿井内积水的一种严重事故。这种事故可能由地质构造复杂、防水措施不足或矿井开采过程中意外穿透含水层引起。透水事故不仅会威胁作业人员的生命安全，还会导致矿井设备损坏和矿产资源浪费。以下是发生煤矿透水事故的应急处置步骤：

（1）立即报警并启动应急预案

当发现透水迹象时，作业人员应立即通知矿井控制中心。控制中心需迅速通知地面应急救援团队，并按照矿山透水事故的应急预案行动，立即启动矿井内的紧急撤离程序，确保所有作业人员迅速且有序地撤离到指定安全区域，避免淹水造成的危险。要特别注意"人往高处走"，切不可进入低于透水点附近下方的独头巷道。透水时，由于水势很猛、冲力很大，现场人员应立即避开出水口和泄水流，躲避到室内、巷道拐弯处或其他安全地点。如果情况紧急来不及躲避，可抓牢棚梁、棚腿或其他固定物，防止被水打倒或冲走。在存在有毒有害气体危害的情况下，一定要佩戴自救器。

（2）现场人员自救互救

为防止电气设备受水影响造成更大的安全隐患，应立即切断受影响区域的电源。同时，采取措施尽快切断或控制透水源，并使用专业设备监测水位变化，评估积水速度和潜在风险，为后续的排水和救援行动提供数据支持。启动矿井内的排水系统，加速排出积水，减轻矿井内的水压，为救援行动创造条件。人员撤出透水区域后，应立即将防水闸门紧紧关死，以隔断水流。在撤离途中，应靠巷道一侧，防止被流动的矸石、木料撞伤。如巷道中照明和路标被破坏，迷失前进方向，应朝有风流的上山方向撤退，在撤退沿途和所经过的巷道交叉口，应留设指示行进方向的明显标志。地面救援队伍到达事故现场后，应根据现场实际情况，采取有效的排水和救援措施。

（3）安全评估和事后处理

事故得到控制后，应进行全面的安全评估，查明事故原因，对事故发生的原因、处置过程和救援行动进行详细记录和分析，为今后改进安全管理措施和提升应急处置能力提供依据。

62. 发生煤矿冒顶事故如何进行应急处置?

煤矿冒顶事故是矿山常见的一种生产安全事故，它主要是由于地质条件复杂、支护不当或开采作业管理不善导致的。冒顶事故不仅会造成矿井结构损坏，还会导致作业人员被埋压、受伤甚至死亡。以下是煤矿冒顶事故应急处置步骤：

（1）立即报警并启动应急预案

一旦发生冒顶事故，现场作业人员应立即向矿井控制中心报告，并按照应急预案行动。控制中心应迅速通知地面救援队伍和相关部门，并启动矿井内的紧急撤离程序，指导所有作业人员迅速有序地撤离到安全区域。

（2）现场人员自救互救

现场救援人员必须在保证巷道通风、后路畅通、现场顶帮维护好的情况下施救，施救过程中必须安排专人进行顶板观察、监护。抢救被埋压的人员时，要先加固冒顶地点周围的支架，确保抢救中不会再次冒落，并预留好撤退通道，保障救援人员自身安全后采取措施。救援埋压人员时，要首先清理遇险人员的口鼻堵塞物，畅通呼吸系统。清理埋压物时，小块用手搬，大块应采用千斤顶、液压起重气垫等工具，决不允许用锤砸。

发生冒顶事故后，抢救人员时可使用呼喊、敲击或采用生命探测仪探测等方法，判断遇险人员位置，尽快与遇险人员保持联络，鼓励他们配合抢救工作。在支护好顶板的情况下，用挖掘小巷、绕道通过或使用矿山救护轻便支架穿越垮落区的方法接近遇险人员。一时无法接近时，应设法利用压风管路等提供新鲜空气、饮料和食物。处理冒顶事故时，应指定专人观察顶板情况，发现异常，立即撤出人员。地面救援队伍应迅速到达现场，并根据现场情况制订具体救援计划。矿井人员应配合救援行动，搜救被困作业人员、稳定冒顶区域。

（3）安全评估和事后处理

事故控制后，应进行详细的事故调查，查明冒顶的具体原因，并采取措施预防类似事故的发生，改进应急预案，并推进事后责任认定、事后恢复与重建等工作。

63. 发生瓦斯爆炸事故如何进行应急处置？

瓦斯爆炸是煤矿中最严重的事故之一，它通常由于矿井内甲烷等易燃气体积聚达到爆炸浓度，并遇到火源或高温触发。瓦斯爆炸不仅会立即造成巨大的爆炸冲击波和高温，还可能引起后续的火灾、二次爆炸和矿井结构损坏，极大地威胁作业人员的生命安全。以下是发生瓦斯爆炸事故应急处置步骤：

（1）立即报警并启动应急预案

一旦发生瓦斯爆炸，作业人员应立刻通知矿井控制中心。控制中心随即通报地面救援队伍和消防部门，启动应急预案。当听到爆炸声和感到冲击波造成的空气震动气浪时，应迅速背朝爆炸冲击波传来的方向卧倒，脸部朝下，把头放低，在有水沟之处最好侧卧在水沟内，脸朝水沟侧面沟壁，然后迅速用湿毛巾将口、鼻捂住，同时用最快速度戴上自救器，拉严身上衣物，盖住露出的部分，以防被爆炸产生的高温灼伤。在听到爆炸声音的瞬间，最好尽力屏住呼吸，防止吸入有毒高温气体灼伤内脏。

（2）现场人员自救互救

迅速启动矿井内的紧急撤离程序，所有作业人员应快速、有序地撤离到安全区域，避免进入可能的二次爆炸区域。如果撤离路径不明确或存在危险，寻找相对安全的地点避难，并等待救援。尽可能保持与外界的通信联系，报告自己的位置和状况，并合理使用自救器中的氧气，避免不必要的体力消耗。为防止电气火源引发进一步的事故，要立即关闭事故区域内的电源，采取措施尽快切断或控制瓦斯的来源。救援队伍到达现场后，应立即进行安全评估，判断是否存在二次爆炸的风险，制定救援行动方案。

（3）事后处理与安全评估

事故得到控制后，对矿井进行彻底检查，评估结构稳定性和安全状况，加强矿井通风，确保有害气体和瓦斯的快速排出。进行详细的事故调查，以确定爆炸原因和采取相应的预防措施。

64. 爆炸物发生爆炸事故如何进行应急处置？

爆炸物发生爆炸事故属于高危事故，通常发生于化工、采矿等行业的火药处理、储存或运输过程中。这类事故的危险性在于其突发性和破坏力，能立即造成严重的人员伤亡、财产损失和环境破坏。以下是发生爆炸事故的应急处置步骤：

（1）立即报警并启动应急预案

一旦发生火药爆炸，现场人员应立即通知紧急救援机构，如消防、公安和医疗救护部门，同时启动应急预案，快速疏散现场人员至安全区域，禁止无关人员靠近事故现场，特别是在存在二次爆炸风险的情况下。须设立安全警戒线，确保安全距离。

（2）现场人员自救互救

火药爆炸常会引发火灾，在火灾尚未扩大到不可控制之前，应尽快用灭火器控制火势。迅速关闭火灾现场的上下游阀门，切断进入火灾事故地点的一切物料，立即启用现有各种消防设施扑灭初期火灾并控制火源。为防止火灾危及相邻设施，必须及时采取冷却保护措施，有的火灾可能造成易燃液体泄漏，这时可用沙袋或其他材料筑堤拦截流淌的液体或挖沟导流，将物料导向安全地点。必要时用毛毡、湿草帘堵住下水井、窨井口等处，防止火焰蔓延。

爆炸事故可能造成危险化学品泄漏，并酿成火灾。扑救危险化学品火灾决不可盲目行动，应针对每一类危险化学品，选择正确的灭火剂和灭火方法。扑救液化气体类火灾时，切忌盲目扑灭火势，在没有采取堵漏措施的情况下，必须保持稳定燃烧。否则，大量可燃气体泄漏与空气混合，遇点火源就会发生爆炸，后果将不堪设想；对于爆炸物火灾，切忌用沙土盖压，以免增强爆炸物爆炸时的威力，扑救爆炸物堆垛火灾时，水流应采用吊射，避免强力水流直接冲击堆垛，造成堆垛倒塌引起再次爆炸；对于遇湿易燃物品火灾，绝对禁止用水、泡沫、酸碱等湿性灭火剂扑救；扑救毒害品和腐蚀品的火灾时，应尽量使用低压水流或雾状水，避免腐蚀品、毒害品溅出；遇酸类或碱类腐蚀品，最好调制相应的中和剂稀释中和。

易燃固体、自燃物品一般都可用水和泡沫扑救，只要控制住燃烧范围，逐步扑灭即可。但有少数易燃固体、自燃物品火灾的扑救方法比较特殊，如2,4–二硝基苯甲醚、二硝基萘、萘等是易升华的易燃固体，受热放出易燃蒸气，能与空气形成爆炸性混合物，尤其在室内易发生爆燃，在扑救过程中应不时向燃烧区域上空及周围喷射雾状水，并消除周围一切火源。

专业救援队伍到达后，应对现场进行评估，并根据情况采取灭火、救援受伤人员和防止爆炸物发生二次爆炸的措施。

（3）事后处理与安全评估

爆炸被控制后，应立即进行事故现场调查，以确定爆炸的原因，并采取措施防止类似事故发生。还要加强有关火药存储和处理的安全培训，确保所有相关人员理解并遵守安全操作规程。对被污染的区域进行清理，恢复环境，减少爆炸对环境的影响。

65. 发生锅炉爆炸事故如何进行应急处置?

锅炉爆炸是由于锅炉承压负荷过大造成的瞬间能量释放现象。如锅炉缺水、水垢过多、压力过高等情况都会造成锅炉爆炸，一旦发生锅炉爆炸事故，对周围建筑、人员等伤害极大。

锅炉爆炸按其发生原因可分为两种类型，一是超压爆炸，二是炉膛燃爆。超压爆炸是指锅炉受压部件的承压能力低于工作压力，使薄弱部位破裂，严重时会引发爆炸。其原因是锅炉超压运行，或是各种原因造成的承压能力降低。炉膛燃爆是由于在锅炉炉膛中积聚了可燃气体（如煤气、天然气等），并在适当条件下达到了爆炸性浓度，被点燃引发的爆炸。这种情况通常发生在燃烧不完全或燃烧不稳定的情况下，导致燃烧产生了大量可燃气体积聚在炉膛中。当这些积聚的气体遇到点火源时，会引发爆炸。

锅炉爆炸是严重的生产安全事故，应立即采取应急处置措施以最大限度地减少损失和保障人员生命安全。以下是锅炉爆炸的应急处置步骤：

（1）立即启动报警系统

如果设备配备了报警系统，立即启动以通知相关人员有紧急情况。

（2）迅速切断能源供应

尽快切断锅炉的能源供应，包括电力、燃气或其他燃料，防止事故的进一步扩大。

（3）启动紧急停车程序

如果锅炉与其他设备联动运行，应立即启动紧急停车程序，以停止与锅炉相关的其他设备。

（4）通知应急救援服务

立即拨打应急救援服务电话，通知消防、医疗和其他相关急救服务。提供准确的事故信息和现场位置。

（5）疏散人员

立即对周边人员进行疏散。要利用紧急疏散通道疏散人员，避免使用电梯。

（6）远离事故现场

人员应尽量与爆炸事故现场保持距离，以免受到次生伤害，如火灾、飞溅的碎片等。

（7）提供急救

如果有人受伤，应立即提供基本的急救措施，等待救援人员到达。不要进入可能存在危险的区域。

（8）防止扩散

如果爆炸引发了火灾，应使用灭火器或其他消防设备尽量控制火势，但不要冒险置身于发生火灾的范围内。

（9）协助调查

协助应急救援人员进行事故调查。提供相关信息，以帮助确定事故原因。

（10）通知相关方

通知公司内部管理层、员工和其他相关方，告知其发生了爆炸事故。

注意，应急处置步骤可能因具体情况而有所不同。生产经营单位应制定并定期演练应急预案，以确保人员熟悉程序并能够在紧急情况下迅速行动。在实施应急处置措施时，应保持冷静，根据具体情况灵活应对。

知识学习

锅炉爆炸是《企业职工伤亡事故分类》（GB 6441—1986）中20类事故之一。锅炉从设计、进料、加工、试压到成品销售，国家都有严格的审批和监督检验制度，只要用户详细阅读使用说明书，并按照其要求正确使用、维护保养锅炉，锅炉的爆炸现象是可以杜绝的。

66. 钢铁冶炼过程中发生煤气泄漏事故如何进行应急处置?

钢铁冶炼过程中会产生多种副产品煤气。其中，炼焦副产品为焦炉煤气、炼铁副产品为高炉煤气、炼钢副产品为转炉煤气、生产铁合金副产品为铁合金炉煤气。上述煤气回收后可作为焦炉、热风炉、加热炉和发电锅炉的燃料，焦炉煤气还可作为民用燃气。由于煤气中含有大量易燃易爆、有毒有害物质，在生产、运输、储存和使用过程中，存在中毒、火灾和爆炸危险。

煤气是钢铁企业重要的二次能源，煤气泄漏不仅浪费能源、造成环境污染、影响煤气产供系统的正常生产，也是引发煤气中毒、煤气火灾和煤气爆炸三大事故发生的最直接因素。

煤气泄漏是指因煤气意外释放导致其从设备、管道、设施中异常泄漏到空气中，或者从一个系统窜到另一个系统。煤气泄漏有四大影响因素：一是外部环境；二是内部运行的介质；三是煤气设施的制造质量，如煤气设施本体母材、焊缝、防腐涂层等；四是违章操作。

发生煤气泄漏时应按以下方法进行应急处置：

（1）关闭送气阀

事发单位发现煤气泄漏，应立即报告，操作人员按操作规程关闭送气阀门，打开紧急阀门进行减压。

（2）稀释

强制向泄漏区排风，稀释泄漏区煤气。

（3）检查抢修

工程抢险人员必须佩戴好防毒面罩，进入现场详细检查，找出原因；工程抢险人员在保障安全的前提下，迅速开展对泄漏点的抢修堵漏工作。

煤气泄漏较严重时，应迅速划分危险单元，组织人员在目标单元周围200米范围内设立警戒线，严禁无关人员及车辆通过，查禁所有明暗火源。

现场应急指挥根据情况及时报告当地政府相关管理部门，请求外部支援，对处在危险区域内的所有人员进行紧急疏散。

67. 发生高温液体喷溅事故如何进行应急处置？

冶金生产过程中的高温液体具有温度高、热辐射强的特点，如铁水、钢水、钢渣、铁渣的温度往往在1 250～1 670 ℃。高温液体易喷溅，对危险范围内的作业人员极易造成灼伤。据有关资料统计，灼伤约占炼钢厂总伤害的1/4，居各种伤害的第2位。

高温液体发生喷溅的原因有以下几个方面：一是水遇高温液体爆炸。水遇高温液体急剧汽化，体积可增大约1 500倍，这种相变所引起的体积变化比任何化学反应前后的体积变化都要大得多。水被高温液体包裹或覆盖，体积急剧膨胀而压力骤升，水蒸气夹带高温液体喷涌而出，破坏力巨大。二是高温液体容器坠落、倾翻。因为吊运用具缺陷、起重机故障致使高温液体容器（钢包、铁水罐等）坠落倾翻而造成伤害事故。三是高温液体的反应气体喷溅。炼钢过程主要是钢水的脱碳过程。反应主要是钢渣之间的碳氧反应，钢水中的碳与渣中的氧化铁作用，产生一氧化碳气体，渣中的氧化铁被还原进入钢水。这个反应是吸热反应，反应速度受熔池碳含量、渣中总铁含量和温度的共同影响。若熔池内碳氧反应不均衡发展，瞬时产生大量的一氧化碳气体，就会发生爆发性喷溅。四是高温液体其他伤害事故。如废钢处理不当，投入转炉的废钢中仍有密闭容器或混有爆炸物等。这样的炉料投入转炉后，会因密闭容器受热急剧膨胀而发生爆炸，或爆炸物被激发而爆炸，造成高温液体喷溅伤害。

高温液体发生喷溅、溢出或泄漏时，除了可能直接对人员造成灼烫伤害外，还潜藏着发生爆炸的严重危害，并有可能诱发其他二次伤害或事故，给企业造成巨大伤害。

（1）高温液体喷溅事故的应急处置

1）如果作业人员身上着火，严禁奔跑，周边人员要帮助灭火。

2）心搏、呼吸停止者，应立即进行心肺复苏。

3）面部、颈部深度烧伤及出现呼吸困难者，应迅速送往医院救治。

4）非化学物质的烧伤创面，不可用水淋，创面水疱不要弄破，以免创面感染。

5）用清洁敷料等盖住创面，以免感染。

6）如伤员口渴，可饮用盐开水，不可喝生水及大量白开水，以免引起脑水肿及肺水肿。

7）严重灼伤者，争取在休克出现之前，迅速送往医院救治。

8）送伤员前，尽可能提前通知医院做好抢救准备。

（2）发生高温液体溢出、爆炸事故的应急处置

1）如果发生高温液体溢出，应立即停止作业，疏散危险区内一切人员。

2）发生漏铁、漏钢事故时，要将剩余铁水、钢水倒入备用罐内。

3）高温液体溢出地面遇有乙炔气瓶、氧气瓶等易燃易爆物品时，如不能及时搬走，要采取降温措施。

4）溢出、泄漏至地面的铁水、钢水，在未冷却之前，不能用水扑救，防止爆炸。

5）高温液体溢出或泄漏诱发火灾时，不能用水扑救，应采用干粉灭火器灭火。

6）一旦诱发了火灾、爆炸等二次事故，应立即设置警戒区，禁止人员进入。

68. 发生危险化学品泄漏事故如何进行应急处置？

危险化学品是指具有毒害、腐蚀、爆炸、燃烧、助燃等性质，对人体、设施、环境具有危害的剧毒化学品和其他化学品。危险化学品生产过程具有高温高压、低温、有毒有害、腐蚀及生产连续性、检维修承包商参与度高等特点。这就决定了这类企业的生产安全事故具有如下特点：一是多为毒害、爆炸、火灾、窒息等事故类型；二是从事故发生的环节看，设备检维修过程发生的事故占比最高，其次是生产过程、试生产、装卸车、复工复产、夜间等高风险环节或特殊时间段发生的事故，其中设备检维修环节又以动火作业、受限空间作业、高处作业及带压堵漏作业等事故居多；三是承包商发生生产安全事故的概率较大、事故较多，这与承包商人员素质参差不齐、安全意识及能力不足，对危险化学品企业的事故隐患、安全生产特点掌握不够等因素有关。

危险化学品泄漏事故具有突发性、复杂性和高致命性的特点，事故作用时间长，所造成的危害后果严重，给人们带来的心理负担较大，远期效应明显，因此危险化学品泄漏事故急救十分重要。在进行危险化学品泄漏事故紧急处置过程中，首先一定要做好自身的防护。个体防护装备是危险化学品事故抢险救援人员必需的防护装备，在救援中应当正确选用。

（1）个体防护装备的种类和正确选用

1）呼吸防护用品。呼吸防护用品主要分为过滤式和隔绝式两种。过滤式呼吸器只能在不缺氧的环境（即环境空气中氧体积分数不小于18%）和低浓度毒污染下使用，一般不能用于罐、槽等密闭狭小容器中作业人员的防护。过滤式呼吸器主要有防尘呼吸器和防毒呼吸器。隔绝式呼吸器能使呼吸器官与污染环境隔离，由呼吸器自身供气（空气或氧气）或从清洁环境中引入空气维持人体的正常呼吸。隔绝式呼吸器可在缺氧、尘毒严重污染、情况不明的危险化学品事故处置场所使用，一般不受环境条件限制，按供气形式分为自给式和长管式两种类型。危险化学品事故抢险救援人员主要佩戴隔绝式呼吸器。呼吸防护用品的选用原则如下：

①防尘呼吸器应根据作业场所粉尘浓度、粉尘性质、分散度、作业条件及劳动强度等因素，合理选择不同防护级别的防尘口罩、面罩。

②防毒呼吸器应根据作业场所毒物的浓度、种类、作业条件选择使用，使用者应选择适合自己脸型的面罩型号，选定好滤毒罐的种类和品种。

2）防护服。防护服的种类很多，供危险化学品事故应急救援人员使用的主要有防毒服和防火服。

防毒服分为密闭型和透气型两类。前者在污染较严重的场所使用，后者在轻、中度污染场所使用。其中，送气型防护服整体为密闭式结构，在腋下、袖口、裤口处设置排气阀门，清洁空气从头部送入，由排气阀排出。胶布防毒衣采用特制的防毒胶布缝制拼粘而成，可防强烈刺激性气体和烧伤性、脂溶性液体化学物质对皮肤的伤害。透气型防毒服使用特殊透气性材料缝制，其袖口、裤口设置纽扣或扎带，能防护一定量毒气、毒烟对人体的危害。防酸碱工作服采用耐酸碱材料制成，保护人体不受酸碱液体及气雾伤害。

防火服主要用于消防救援人员的防护，选用耐高温、不易燃、隔热、遮挡热辐射效率高的材料制成。

3）眼部防护用品。防酸碱防护眼罩是全封闭状，形状呈弦弧形。软体眼罩左右侧及底部均有透气孔，耳部附有一根强拉力松紧带，可自由调节，在罩体上部有一沟槽，可以防止酸碱液喷溅时渗入皮肤与罩体的缝隙间。

4）手、足部防护用品。在危险化学品作业场所，主要使用耐腐蚀的手套和防酸碱鞋。常用的耐腐蚀手套有橡胶耐酸碱手套和塑料耐酸碱手套。耐酸碱手套应具有耐酸碱腐蚀、防酸碱渗透、耐老化的作用。防酸碱鞋主要用于地面有酸碱及其他腐蚀性液体或有腐蚀性液体飞溅的场所。防酸碱鞋的底和鞋面应具有良好的耐酸碱性能和抗渗透性能。

（2）进入泄漏现场的注意事项

1）进入现场的救援人员必须佩戴必要的个体防护装备。

2）如果泄漏物是易燃易爆危险化学品，事故中心区应严禁火种，切断电源，禁止车辆进入，立即在边界设置警戒线。

3）如果泄漏物具有毒性，应使用专用防护服、隔绝式空气面罩，并立即在事故中心区边界设置警戒线。

4）应急处置时严禁单独行动，要有监护人，必要时用水枪、水炮掩护。

在确保人员安全的前提下，尽快关阀堵漏。根据实际情况，可以采取关闭阀门、停止作业或改变工艺流程、物料走副线、局部停车、减负荷运行等操作，采用合适的材料和技术手段堵住泄漏处。

（3）对泄漏物的处理

1）围堤堵截。发生液体泄漏可筑堤堵截或者将其引流到安全地点。储罐区发生液体泄漏时，要及时关闭阀门，防止物料沿明沟外流。

2）稀释与覆盖。向有害物烟气云喷射雾状水，加速气体向高空扩散。对于可燃物，可以在现场施放大量水蒸气或氮气，破坏燃烧条件。对于液体泄漏，为降低物料的蒸发速度，可用泡沫或其他覆盖物覆盖外泄的物料，在其表面形成覆盖层，抑制其蒸发。

3）收集。当泄漏量大时，可选择用隔膜泵将泄漏出的物料抽入容器内或槽车内。当泄漏量小时，可用沙子、吸附材料、中和材料等吸收中和。

4）废弃。将收集的泄漏物运至废弃物处理场所处置。用消防水冲洗剩下的少量物料，冲洗水排入污水系统处理。

（4）努力减轻泄漏危险化学品的毒害

参加危险化学品泄漏事故处置的车辆应停于上风方向，消防车、洗消车、洒水车应在保障供水的前提下，从上风方向喷射开花或喷雾水流对泄漏出的有毒有害气体进行稀释、驱散。对泄漏的液体有害物质，可用沙袋或泥土筑堤拦截，或开挖沟坑导流、蓄积，还可向沟、坑内投入中和（消毒）剂，使其与有毒物直接发生氧化、氯化反应，从而使有毒物变为低毒或无毒的物质。对某些毒性很大的物质，还可以在消防车、洗消车、洒水车水罐中加入中和剂（体积分数约为5%），驱散、稀释、中和的效果更好。为减轻泄漏危险化学品的危害，应做好以下几点：

1）做好现场检测。应不间断地对泄漏区域进行定点或不定点的检测，实时掌握泄漏物质的种类、浓度和扩散范围，适当地划定警戒区。

2）把握好灭火时机。当危险化学品大量泄漏，并在泄漏处燃烧，在没有绝对把握制止泄漏的情况下，不能盲目灭火，应在制止泄漏成功后再灭火。否则，极易引起再次爆炸、起火，造成更加严重的后果。

69. 发生危险化学品火灾爆炸事故如何进行应急处置？

在化工企业生产过程和危险化学品运输、仓储、销售、使用和废弃物处置等各个环节，由于危险化学品性质、气象因素、违章操作等原因，可能发生火灾爆炸事故。这方面的案例很多，而且教训深刻。

（1）扑救危险化学品火灾的一般对策

1）扑救初期火灾。在火灾尚未扩大到不可控制之前，应尽快用灭火器来控制火灾。迅速关闭火灾部位的进口阀门和出口阀门，切断进入火灾事故地点的一切物料，然后立即启用现有各种消防设施扑灭初期火灾，控制火源。

2）对周围设施采取保护措施。为防止火灾危及相邻设施，必须及时采取冷却保护措施，并迅速转移受火灾威胁的物资。有的火灾可能造成易燃液体外泄，这时可用沙袋或其他材料筑堤拦截流淌的液体或挖沟导流，将物料导向安全地点。必要时用毛毡、湿草帘堵住下水井、窨井口等处，防止火焰蔓延。

3）扑救危险化学品火灾决不可盲目行动，应针对每一类危险化学品，选择正确的灭火剂和灭火方法。必要时采取堵漏或隔离措施，预防次生事故发生。当火势被控制以后，仍然要派人监护，清理现场，消灭余火。

（2）几种特殊物品的火灾扑救注意事项

1）扑救液化气体类火灾，切忌盲目灭火，在没有采取堵漏措施的情况下，必须保持稳定燃烧。否则，大量可燃气体泄漏，与空气混合，遇点火源易发生爆炸，后果不堪设想。

2）对于爆炸物导致的火灾，切忌用沙土盖压，以免增强爆炸物爆炸时的威力。扑救爆炸物堆垛火灾时，水流应采用吊射方式，避免强力水流直接冲击堆垛，造成堆垛倒塌引起再次爆炸。

3）对于遇湿易燃物品火灾，绝对禁止用水、泡沫、酸碱液等湿性灭火剂扑救。

4）氧化剂和有机过氧化物的灭火比较复杂，应针对具体物质具体分析。

5）扑救毒害品和腐蚀品的火灾时，应尽量使用低压水流或雾状水，避免毒害品、腐蚀品溅出扩大事故危害。遇酸类或碱类腐蚀品，最好调制相应的中和剂稀释中和。

6）易燃固体、自燃物品火灾一般都可用水和泡沫扑救，要控制住燃烧范围逐步扑灭。但少数易燃固体、自燃物品的扑救方法比较特殊。例如，2,4-二硝基苯甲醚、二硝基萘、萘等易升华的易燃固体，受热放出易燃蒸气，会与空气形成爆炸性混合物，尤其在室内，易发生爆燃，在扑救过程中应经常向燃烧区域上空及周围喷射雾状水，并消除周围一切火源。

注意：发生危险化学品火灾时，灭火人员不应单独灭火，而应以2~3人为一组，相互协作。灭火时出口应始终保持畅通，保证发生意外时能够及时撤出。

（3）爆炸事故的应急处置要领

1）迅速判断和查明再次发生爆炸的可能性和危险性，紧紧抓住爆炸后和可能再次发生爆炸之前的有利时机，采取一切可能的措施全力制止再次爆炸的发生。

2）在保障人身安全的前提下，应立即组织力量转移爆炸所造成火灾区域内的爆炸物，使火灾区域周边形成一个隔离带。

3）灭火人员应利用现场的掩体或尽量采用卧姿等低姿势，尽可能地采取自我保护措施。消防车辆不要停靠在离爆炸物太近的水源处。

4）当灭火人员发现有发生二次爆炸的危险时，应立即向现场指挥报告，现场指挥迅速准确判断，确有发生二次爆炸征兆或危险时，应立即下达撤退命令。灭火人员接到撤退信号后，应迅速撤至安全地点，来不及撤退时，应就地卧倒。

70. 发生危险化学品中毒事故如何进行应急处置？

发生有毒物质泄漏事故后，现场人员应立即向有关部门报告，通知停止周围一切可能危及安全的动火作业，消除一切火源，通知附近无关人员迅速撤离现场，严禁无关人员进入毒区等。

（1）中毒事故现场应急处置

进行现场急救的人员，应按照事故应急预案进行处置，遵守相关规定，不要盲目采取行动。需要注意以下几点：

1）参加抢救的人员必须听从指挥，抢救时必须分组，有序进行抢救工作，不能慌乱。

2）救护者应戴好防毒面具或氧气呼吸器，穿好防毒服，从上风向快速进入事故现场。

3）迅速将伤员从上风向转移到空气新鲜的安全区域。

4）救护人员在救援时，应注意检查个体防护装备的使用情况，如发现异常或感到身体不适，要迅速撤离。

5）假如有多个中毒或受伤的人员被送到救护点，应按照“先救命、后治病，先重后轻、先急后缓”的原则分类对伤员进行救治。

（2）窒息性气体中毒的现场急救

一氧化碳、硫化氢、氮气、光气、二氧化碳及氰化物气体等统称窒息性气体，它们引起急性中毒事故的共同特点是突发性、快速性和高致命性，经常来不及抢救。因此，一旦发现此类窒息性气体的泄漏现场有人中毒晕倒，应当采取“一戴、二隔、三救出”的急救措施。

1）“一戴”。施救者应立即佩戴好输氧或送风式防毒面具。无条件时，可佩戴防毒口罩，但需注意口罩型号要与毒物防护种类相符。系好安全带方可进入高浓度毒源区域施救。由于防毒口罩对毒气过滤效率有限，故佩戴者不宜在毒源处停留时间过久，必要时可轮流或重复进入。毒源区外人员应密切观察、监护并拉好安全带的另一端，一旦发现危情迅速使其撤出或将其拉出。

2）“二隔”。由施救人员携带送风式防毒面具或防毒口罩，并尽快将其戴在中毒者口鼻上，紧急情况下也可用便携式供氧装置（如氧气袋、瓶等）为其供氧。此外，毒源区域迅速通风或用鼓风机向中毒者方向送风也有明显效果。

3）“三救出”。抢救人员在“一戴、二隔”的基础上，争分夺秒地将中毒者移离出毒源区，进行医疗急救。一般以 2 名施救人员抢救一名中毒者为宜，可缩短救治时间。

71. 在货物运输中，如何处理车辆失控或倾覆事故？

货物运输过程中产生的车辆失控或倾覆的原因主要包括人员、货物、车辆以及环境四方面。具体表现为司机超速或不稳定驾驶、过载或不平衡的货物装载、机械故障或车辆缺陷、恶劣天气和道路条件等。以下为车辆失控或倾覆事故的应急处置方案：

（1）迅速停车，观察情况

查看车辆和罐体损坏及现场周边情况。如果发生危险化学品泄漏，条件允许时，迅速将车驶离水源、城镇、村庄和人员密集场所等区域，或直接就近将车停于空旷、低洼地点，实施紧急制动，紧急封堵，容器或吸油海绵收集等措施。

（2）立即报警，建立警戒区域

隔离事故现场，将现场人员疏散至安全区域，疏散过程中应选择安全的撤离路线，一般是从上风侧离开，并在现场周边设置安全警示标志，提示过往行人和车辆注意避让。

（3）进行自救和互救

发生人员伤亡时要积极抢救伤员并保护现场，采取有效的防护措施保护自己及伤者。

（4）采取应急措施

根据车上运载的危险化学品货物的性质、危害特性、包装容器的使用特性采取相应的应急措施。

（5）发生火灾事故

对于初期火灾可迅速取出灭火器灭火或用路边沙土扑救；火势失控时应放弃个人扑救，迅速疏散、撤离，待消防救援力量到场后，配合开展救援行动。

（6）重点提示事项

在高速公路上，司押人员要注意自身安全防护，必须停留在安全区域；在高架桥上，要提示引导相关人员沿桥面疏散、撤离；在夜间，要摆放应急警示灯，提示过往车辆注意避让；在人员密集区域，要告诫并疏散围观群众，且现场周边严禁烟火；遇突发自然灾害时，司机应立即将危险化学品车辆停放于安全地带。

72. 发生起重作业安全事故如何进行应急处置？

起重作业主要是指使用各类型起重机械进行的作业。起重作业危害源来自现场作业中起重机司机、司索人员以及作业人员、起重机械、作业环境和管理上的不安全行为与状态。

（1）起重伤害的主要形式

1）吊车吊重、吊具等重物坠落所造成的人身伤亡和设备毁坏事故。

2）作业人员被挤压在两个物体之间所造成的挤伤、压伤、击伤等人身伤害事故。

3）从事起重机检修、维护的作业人员不慎从机体摔下或被正在运转的起重机机体撞击摔落至地面的高处坠落事故。

4）起重机械操作人员或检修、维护人员因触电而造成的电击伤亡事故。

5）起重机机体因失去整体稳定性而发生倾翻事故，造成起重机机体严重损坏以及人员伤亡事故。

（2）起重作业安全事故的应急处置

1）发现有人受伤后，必须立即停止起重作业，向周围人员呼救，同时通知控制中心，并及时拨打“120”急救电话。报警时，应说明受伤者的受伤部位和受伤情况，发生事件的区域或场所，以便让救护人员事先做好急救的准备。

2）组织进行急救的同时，应立即上报单位主管部门，启动应急预案和现场处置方案，最大限度地减少人员伤害和财产损失。

3）现场医护人员应立即进行现场包扎、止血等措施，防止受伤人员流血过多造成死亡事故。对创伤出血者迅速包扎止血，送往医院救治。

4）发生断手、断指等严重情况时，要对伤者伤口进行包扎、止血、止痛、进行半握拳状的功能固定。对断手、断指应用消毒或无菌敷料包扎，忌将断指浸入酒精等消毒液中，以防细胞变质。将包好的断手、断指放在无泄漏的塑料袋内，扎紧袋口，在塑料袋周围放置冰块或冰棍，随伤者迅速去往医院救治。

5）受伤人员肢体骨折时，应尽量保持受伤的体位，由现场医务人员对伤肢进行固定，并在其指导下采用正确的方式抬运，防止因救助方法不当导致伤情进一步加重。

6）受伤人员出现呼吸、心搏停止症状后，必须立即施行心肺复苏。

7）在做好事故应急救援的同时，应注意保护事故现场，对相关信息和证据进行收集和整理，配合事故调查组做好事故调查工作。

73. 发生物体打击事故如何进行应急处置?

物体打击是指失控的物体在惯性力或重力等其他外力的作用下产生运动，打击人体而造成人身伤亡事故。物体打击会对建筑施工人员的人身安全造成威胁、伤害，甚至死亡。特别是在施工周期短、人员密集、施工机具多、物料投入多、交叉作业多时，易发生对人身的物体打击伤害。

在作业过程中，为了应对物体打击事故的发生，应制定应急预案，建立健全应急救援组织机构，做好人员分工，在事故发生时做好应急救援工作，如现场包扎、止血等，防止伤者流血过多造成死亡。需要注意的是，日常应备有应急物资，如简易担架、跌打损伤药品、敷料等。

发生物体打击事故后，在应急处置中要注意以下几点：

（1）一旦有事故发生，首先要高声呼救，通知现场安全员，马上拨打急救电话，并向上级领导及有关部门汇报。

（2）发生物体打击事故后，尽可能不移动伤者，当场施救。抢救的重点放在颅脑损伤、胸部骨折和出血上。

（3）发生物体打击事故后，应马上组织抢救伤者，观察伤者的受伤情况、部位、伤害性质，如伤者休克，应先处理休克。遇呼吸、心搏停止者，应立即施行心肺复苏。处于休克状态的伤者要让其安静、保暖、平卧、少动，并将下肢抬高约 20°，尽快送医院进行抢救治疗。

（4）如果伤者出现颅脑损伤，必须维持呼吸道通畅。伤者若已昏迷，应平卧，面部转向一侧，以防舌根下坠或吸入分泌物、呕吐物而发生咽喉阻塞。有骨折者，应初步固定后再搬运。遇有凹陷骨折、严重的颅底骨折及严重的脑损伤症状，应用无菌敷料或清洁布等覆盖伤口，用绷带或布条包扎后，及时就近送往有条件的医院救治。

（5）重伤人员应马上送往医院救治，一般伤者在等待救护车的过程中，要有相关人员接引救护车，按程序处理事故，最大限度地减少人员伤亡和财产损失。

（6）如果处在不宜救治的场所，必须将伤者转运到能够安全施救的地方，应尽量多人转运，观察伤者呼吸和脸色的变化。如果是脊柱骨折，不要弯曲、扭动伤者的颈部和身体，不要接触其伤口。应使伤者身体放松，尽量将其放到担架或平板上进行转运。

74. 发生高处坠落事故如何进行应急处置?

凡在坠落高度基准面 2 米以上（含 2 米）的可能坠落的高处所进行的作业，称为高处作业。在施工现场进行高处作业时，如果未防护、防护不好或操作不当都可能发生人或物的坠落。人从高处坠落的事故，称为高处坠落事故。

当发生高处坠落事故后，抢救的重点应该在对休克、骨折和出血的处理上。

（1）颌面部伤者。首先应保持呼吸道通畅，有义齿（假牙）的尽快摘除，清除移位的组织碎片、血凝块、口腔分泌物等，同时松解伤者的颈、胸部纽扣。若舌已后坠或口腔内异物无法清除时，可用 12 号针头穿刺环甲膜，维持呼吸，尽可能早地做气管切开。

（2）脊椎伤者。创伤处用无菌敷料或清洁布等覆盖，用绷带或布条包扎。搬运时，将伤者平卧放在帆布担架或木板上，以免受伤的脊椎移位、断裂造成截瘫，导致死亡。抢救脊椎受伤者，搬运过程中严禁只抬伤者的两肩与两腿或单肩背运。

（3）手足骨折者。不要盲目搬动伤者，应在骨折部位用夹板把受伤位置临时固定，使断端不再移位，同时避免刺伤肌肉、神经或血管。固定方法：以固定骨折处上下关节为原则，可就地取材，使用木板、竹片等。

（4）复合伤者。要求平仰卧位，保持呼吸道畅通，解开衣领扣。

（5）周围血管伤。压迫伤部以上动脉干至骨骼，然后直接在伤口上放置厚敷料，绷带加压包扎以不出血和不影响肢体血循环为宜。

75. 发生触电事故如何进行应急处置?

触电事故是由电能以电流形式作用于人体造成的事故。触电急救的基本原则是动作迅速、方法正确。当通过人体的电流较小时，仅产生麻感，对肌体影响不大。当通过人体的电流增大，但小于摆脱电流时，虽可能受到强烈打击，但尚能自己摆脱电源，伤害可能不严重。当通过人体的电流进一步增大，接近或达到致命电流时，触电者会出现神经麻痹、呼吸中断、心搏停止等现象，呈现昏迷不醒的状态。这时，应迅速而持久地进行抢救。曾经有给触电者做 4 小时或更长时间的人工呼吸而使其获救的事例。据临床资料统计，从触电后 1 分钟开始救治，90% 的触电者有良好效果；从触电后 6 分钟开始救治，10% 的触电者有良好效果；而从触电后 12 分钟开始救治，触电者被救活的可能性很小。由此可见，动作迅速是非常重要的。

发生人员触电事故，主要运用以下急救方法：

（1）脱离电源

人触电后，可能由于痉挛或失去知觉等原因抓紧带电体，不能自行摆脱电源。这时，使触电者尽快脱离电源是救活触电者的首要因素。但救护人员要注意不可直接用手或其他金属及潮湿的物件作为救护工具，而必须使用适当的绝缘工具。救护人员最好用一只手操作，以防触电。需防止触电者脱离电源后可能的摔伤，特别是当触电者在高处的情况下，应考虑防摔措施。即使触电者在平地，也要注意触电者倒下的方向，防止其摔伤。如事故发生在夜间，应迅速解决临时照明问题，以利于抢救，并避免事故进一步扩大。

（2）现场急救方法

当触电者脱离电源后，应根据触电者的具体情况迅速对症救护。现场应用的主要救护方法是心肺复苏术。应当注意，急救要尽快进行，不能等候医生的到来，在送往医院的途中也不能终止急救。

人工呼吸法主要适用于急救呼吸停止的触电者，实施人工呼吸前要使其呼吸道畅通。首先要快速解开触电者的衣领，清除其口腔内妨碍呼吸的食物、血块、黏液等，并使触电者仰卧，头部尽量后仰，鼻孔朝天。救护人员在触电者头部的一侧，用一只手捏紧触电者鼻孔，另一只手撬开其嘴巴，救护人员深吸气后，紧贴触电者，口对口向内吹气，时间约2秒，使其胸部膨胀。吹完气后，立即将口离开，并同时放松鼻孔让其自动呼吸，时间为3秒。如触电者口撬不开，就用口对鼻呼吸法，捏紧嘴巴，紧贴鼻子向内吹气，如此反复进行。如果触电者是儿童，只能小口吹气。

胸外心脏按压法适用于急救心脏停止跳动的触电者。首先使触电者仰卧在比较坚实的地方，救护人员跪在触电者的一侧，或骑跪在其腰部，两手相叠（儿童只需一只手）。手掌根部放在心窝稍高一点的地方，掌根向下按压（儿童轻一点），压下深度为3~4.5厘米，将心窝内血液挤出，每分钟以60次为宜。按压后，掌根立即放松（但不要离开胸膛），让触电者自动复原，血液流回心脏。如此反复进行。

此外，要注意慎用肾上腺素等强心剂，只有经过心电图仪测定心脏确已停止跳动时，才可使用，否则会使触电者的心室纤维性颤动更加恶化。

76. 发生施工坍塌事故如何进行应急处置？

坍塌事故是指物体在外力和重力的作用下，承受超过自身极限强度，结构稳定失衡塌落而造成物体打击、挤压伤害及窒息的事故。

作业过程中发生坍塌事故后，人们一时难以从坍塌的惊吓中恢复过来，被埋压的人众多，现场混乱失去控制，极易存在火灾和二次坍塌危险，给现场应急救援工作带来极大的困难。同时，坍塌可能造成建筑内部燃气、供电等设施毁坏，导致火灾的发生，尤其是化工装置等构筑物坍塌事故，极易形成连锁反应，引发有毒气（液）体泄漏和爆炸燃烧事故。建筑物整体坍塌的，废墟堆内建筑构件纵横交错，遇险人员被深深地埋压在废墟里面，给人员救助和现场清理带来极大的困难。建筑物局部坍塌的现场，虽然遇险人员数量较少，但由于楼内通道的破损和建筑结构的松垮对救援工作的顺利进行也造成一定的困难。

发生坍塌事故之后，在应急处置上需要注意以下几点：

（1）及时了解情况，拟订救援方案

坍塌事故发生后，应及时了解和掌握现场的整体情况，并向上级领导报告，同时根据现场实际情况，拟订救援方案，实施现场统一指挥和管理。

（2）设立警戒，疏散人员

坍塌事故发生后，应及时划定警戒区域，设置警戒线，封锁事故路段的交通，隔离围观群众，严禁无关车辆及人员进入事故现场。

（3）派遣搜救小组进行搜救，对如下几个重要问题进行询问和侦查：

1）坍塌部位和范围，可能涉及的受害人数。

2）所处的位置可能的遇险人员或现场失踪人员。

3）遇险人员存活的可能性。

4）进行现场施救需要的人力和物力。

5）坍塌现场的火情。

6）现场二次坍塌的危险性。

7）现场可能存在的爆炸危险性。

8）现场施救过程中潜在的其他方面的危险性。

（4）切断气、电和自来水水源，并控制火灾或爆炸危险

建筑物坍塌现场可能到处缠绕着带电的、拉断的电线电

缆，给被埋压人员和施救人员造成威胁；断裂的燃气管道泄漏的气体既能形成爆炸性气体混合物，又能增大现场火灾的火势；从断裂的供水管道流出的水能很快将地下室或现场低洼的坍塌空间淹没。因此，要及时组织当地的供电、供气、供水部门检修人员赶赴现场，关断现场附近的局部总阀或开关，消除危险。

（5）现场清障

迅速清理进入现场的通道，在现场附近开辟救援人员和车辆集聚空地，确保现场拥有一个急救场所和一条供救援车辆进出的通道。

（6）搜寻坍塌废墟内部空隙的存活者

在坍塌废墟表面的遇险人员被救后，应该立即实施坍塌废墟内部遇险人员的搜寻工作。发生火灾的坍塌现场，烟火会很快蔓延到全部空间，搜寻人员最好携带一支水枪，以便及时驱烟和灭火。

（7）清除局部坍塌物，实施局部挖掘救人

清除废墟上的坍塌物可能触动承重的不稳定构件，预防引起二次坍塌，使被埋压人员再次受伤，因此在清理局部坍塌物之前，要制定初步的方案，行动要细致谨慎，尽可能地选派有经验或受过专门训练的人员承担此项工作。

（8）坍塌废墟的全面清理

在确定坍塌现场再无被埋压的生存者后，才允许进行坍塌废墟的全面清理工作。

77. 发生辐射事故如何进行应急处置?

辐射事故一般发生在核电站、放射性物质储存设施等核能领域，由于辐射的特殊性质，其对人类和环境构成严重的威胁。因此，在辐射事故发生时，必须迅速采取应急措施，以最大限度地减少人员伤害和环境污染。以下是辐射事故应急处置方法。

（1）紧急撤离

当辐射事故发生时，首要任务是保护人员的生命安全。如果发生事故的设施内尚有人员，应立即引导他们紧急撤离到安全区域。同时，通过广播、短信等方式向周边人员发布撤离通知，引导他们尽快离开事故区域。

（2）封闭事故区域

在事故发生后，应立即将事故区域封闭，禁止人员进入。对于已经封闭区域内的人员，如果可以安全撤离，应立即引导他们离开事故区域。

（3）确定事故类型和程度

在应急处置过程中，应及时确定事故的类型和程度，以便采取相应的应急措施。根据事故类型和程度，可以判断辐射范围和风险等级，进一步准确制定处置方案。

（4）人员疏散和收容

在辐射事故发生后，需要对事故区域内的人员进行疏散和收容。疏散人员需要前往安全区域，离开辐射区域。收容人员则需要在辐射污染较小的地方暂时安置，以免接触到辐射源。同时，对于撤离辐射区域的人员进行初步的健康状况检查，并提供必要的医疗救治。

（5）洗消

若身体表面有放射性污染物质，应采用洗澡和更换衣服的方法来减少放射性污染，也可到救援队伍搭设的放射性污染洗消站进行洗消处理。待放射性污染物消除后，房屋表面可用清水冲洗干净。

（6）防止食入被污染的食品和饮水

是否需要控制当地的食品和饮水，应听从当地卫生、环保部门的安排。在本地污染严重的情况下，如有条件尽量食用非污染地生产的密封包装食品和瓶装饮用水。

（7）采取预防性药物防护措施

放射性污染物泄漏事故，其中含有上百种放射性物质，如放射性碘、铯、锶等。其中在事故早期，放射性碘占的比例比较大。如果在接触放射性污染物的4小时之内服用稳定性碘，可阻断90%以上放射性碘在体内的沉积，可以通过服用碘化钾来预防放射性碘对人体的伤害。碘化钾的服用应听从救援人员的指导，成年人推荐的服用量为1片（100毫克）；孕妇和3～12岁的儿童服用量为50毫克；3岁以下儿童服用量为25毫克。若在接触放射性碘数小时内服用稳定性碘，仍可使体内放射性碘的吸收量降低一半左右。

（8）事故区域辐射监测

在事故发生后，应立即进行事故区域的辐射监测工作，掌握辐射剂量和污染情况。同时，应建立一个辐射监测网络，定期对事故区域进行辐射监测，及时发现和处理问题。

（9）辐射区域的个人防护

在进行辐射处置工作时，人员必须佩戴适当的防护装备，如防护服、防护面具、防护镜等。同时，要注意防护用品的合理使用和更换，保证其效果。

（10）辐射污染控制措施

在辐射事故处理过程中，必须采取有效的措施控制辐射源的扩散和传播。例如，在事故区域周围设置辐射防护屏障，以阻止辐射物质的扩散。同时，还可以采取土壤和水体污染治理措施，通过适当的方法去除辐射源。

（11）辐射事故的后续处置

事故处置的过程是一个复杂和长期的过程，其中包括辐射区域的清理、辐射水和土壤的治理等。在后续处置过程中，应进一步加强辐射监测和防护工作，确保事故不再发生。

（12）公众信息发布

在辐射事故发生后，要及时向公众发布事故情况和处理进展。通过新闻发布会、互联网、社交媒体等多种方式向公众发布辐射事故的信息，回答公众的疑问和解决他们的恐慌。

（13）系统的应急预案和演练

为了应对辐射事故，必须制定系统的应急预案，并定期组织演练。应急预案是指对辐射事故的应急处理措施进行系统性的规划和安排。演练是指通过模拟辐射事故的情景，对应急预案进行验证和训练。通过应急预案和演练，可以提高应急处置的效率和质量，确保人员能够熟悉并正确地执行应急预案。

78. 发生有限空间作业事故如何进行应急处置？

有限空间是指封闭或部分封闭、进出口受限但人员可以进入，未被设计为固定工作场所，通风不良，易造成有毒有害、易燃易爆物质积聚或氧含量不足的空间。

有限空间一般具有以下特点：空间有限，与外界相对隔离；进出口受限或进出不便，但人员能够进入开展有关工作；未按固定工作场所设计，人员只是在必要时进入有限空间进行临时性工作；通风不良，易造成有毒有害、易燃易爆物质积聚或氧含量不足。

所以，进入有限空间或者密闭空间作业，需要特别注意安全。如果发现有对作业人员安全不利的异常情况，应及时通知作业人员快速退出危险作业场所。如果有限空间作业人员发生身体不适、晕眩、昏倒等异常症状，应及时组织抢救。

有限空间作业人员意外伤害现场应急处置注意事项如下：

（1）评估事故状况

现场应急指挥负责人和应急救援人员应对事故情况进行初始评估。根据观察到的情况，初步分析事故的范围和事故后果扩大的潜在可能性。

（2）检测气体含量，加强通风换气

使用检测仪器对有限空间有毒有害气体的浓度和氧气的含量进行检测，也可采用动物（如白鸽、白鼠、兔子等）试验方法或其他简易快速检测方法作辅助检测。根据测定结果采取加强通风换气等相应的措施，在有限空间的空气质量符合安全要求后方可作业。

（3）采取防护措施进行抢险工作

1）抢险人员要穿戴好必要的劳动防护用品（呼吸器、工作服、工作帽、手套、工作鞋、安全带等），以防受到伤害。

2）在有限空间内作业用的照明灯应使用12伏以下安全行灯，照明电源的导线要使用绝缘性能好的软导线。

3）发现有限空间有受伤人员，应用安全带系好受伤人员两腿根部及上体，妥善提升，使受伤人员脱离危险区域，须注意避免影响其呼吸或触及受伤部位。

4）抢救过程中，有限空间内的抢救人员应与外面监护人员保持通信联络畅通，并确定好联络信号，在抢救人员撤离前，监护人员不得离开监护岗位。

5）对被救出的伤者进行现场急救，并及时将其转送医院。

79. 发生溺水事故时如何进行应急处置?

当出现淹溺时，尽快将溺水者打捞到陆地上或船上，立刻做俯卧人工呼吸，至少持续15分钟，不可间断。同时由他人解开溺水者衣扣，检查其呼吸、心搏情况，救起的溺水者若尚有呼吸、心搏，可先倒水，动作要敏捷，但切勿因此延误其他抢救措施。检查溺水者的口鼻腔内是否有异物，如存在，立即清除口鼻腔内污泥、杂草、呕吐物等，保持呼吸道通畅，注意保暖。溺水事故的应急处置措施包括以下内容：

（1）救护者一腿跪地，另一腿屈膝，将溺水者的腹部置于救护者屈膝的大腿上、使头部下垂，然后用手按压其背部使呼吸道及消化道内的水倒排出来。

（2）抱住溺水者两腿，腹部放在救护者的肩上并快步走动。

（3）如溺水者呼吸、心搏已停止，应立即施行心肺复苏。进行口对口人工呼吸时，吹气量要偏大，吹气频率为14～16次/分钟。要坚持较长的时间，切不可轻易放弃。若有条件时做气管内插管，可吸出水分并做正压人工呼吸。

（4）昏迷者可针刺其人中、涌泉、内关、关元等穴，强刺激留针5～10分钟。

（5）呼吸、心搏恢复后，人工呼吸节律可与溺水者呼吸一致，给予辅助，待自动呼吸完全恢复后可停止人工呼吸，同时用干毛巾向心脏方向按摩四肢及躯干皮肤，以促进血液循环，淹溺救治的重点是尽快改善溺水者低氧血症，恢复有效血循环及纠正酸中毒。

（6）有外伤时应对症处理，如包扎、止血、固定等。

（7）溺水者苏醒后应继续治疗，防止溺水后并发症。

（8）酌情补液及维持电解质及酸碱平衡，必要时进行血流动力学监护。

（9）放置胃管排出胃内容物，以防误吸呕吐物。应用抗菌药物，以防止吸入性肺炎及其他继发感染。

（10）警惕急性肺水肿、急性肾功能衰竭及脑水肿等并发症。

知识学习

处理溺水事故主要应注意以下事项：不要因倒水而影响其他抢救；要防止急性肾功能衰竭和继发感染；注意是否合并肺气压伤和减压病；不要轻易放弃抢救，特别对于低体温者（<32 ℃）应抢救更长时间。

溺水者现场紧急救护非常重要。尽管溺水造成死亡的过程非常短暂，但根据抢救经验，通过现场的救护措施，如人工呼吸等，很可能挽救溺水者的生命。在实施人工呼吸时，时间一般都比较长，救护人员要有信心和耐心，千万不要轻易放弃。

80. 发生交通事故如何进行应急处置？

交通事故发生时，除了确保伤者安全外，还要及时拨打

“120”电话，并报告交通部门，以防引发其他交通事故。事故发生后，无论伤者受伤程度如何，均需送医院就诊。

（1）向周边请求支援

无法自行处理时，一定要向周边求救，及时联络救护车。无论交通事故的严重程度如何，都需要报警。要确保伤者安全，原则上尽量不要移动伤者。但若出事地点存在安全隐患，则应向周边人求救，小心地将伤者移离至安全场所。

（2）进行自检、自救与互救

一般来说，头部、胸部受伤或多处受伤者、出血多者及昏迷者，均列为重伤。对呼吸及心跳停止者，需立即施行心肺复苏术。对意识丧失者，用手帕、手指清除伤者口鼻中泥土、杂物、呕吐物及分泌物，紧急时可用口吸出，以挽救病人生命。随后使伤员处于侧卧位或俯卧位，以防窒息。对出血多者，立即进行加压止血包扎，紧急时可用干净手帕、衬衣等将伤口紧紧压住、包扎。动脉出血不止时，如在四肢，可在伤口上方 10 厘米处扎止血带。如发现开放性气胸，对吮吸性伤口应进行严密封闭包扎。伴有呼吸困难的张力性气胸，有条件时可在第二肋骨与锁骨中线的交叉点行穿刺排气或放置引流管。对呼吸困难、缺氧并伴有胸廓损伤、胸壁浮动（呼吸反常运动）者，应立即用衣物、棉垫等充填，并适当加压包扎，以限制其浮动。对骨折或脱臼者，要就地取材，用木棍、木板、竹片、布条等固定骨折肢体。

（3）要沉着应对

对于伤者首先要检查其意识及呼吸、脉搏。千万不要扭曲伤者身体，因为一些交通事故时常伤及颈椎及其神经，扭曲伤者身体更是致命的动作。除了检查意识、呼吸、脉搏外，更重要的是检查有没有大出血。血液自伤口大量喷出的动脉性出血或大量流出的静脉性出血，都可能造成生命危险，此时需尽快进行止血。止血时要用干净的手帕压住伤口，利用直接压迫法防止大出血。大出血时很容易引起休克，所以必须施行休克救护。对于伤者意识清醒、未有大出血的轻伤，只要在救护车抵达前，依伤势来进行救护即可。

（4）伤者应接受医师诊治

无论伤势多么轻微，即使看起来毫发无伤，也一定要接受医师检查诊治。若未接受医师仔细的诊治，会造成令人意想不到的后遗症甚至生命危险。

四、突发意外事件及自然灾害应急救护

81. 高压电落地危险区域内如何进行应急处置?

高压电落地是指电流从高压电源流向地面或接地点的情况。这种情况非常危险，因为高压电流可对人体造成严重伤害，甚至有致命危险。

在高压电落地区域内存在的危险包括以下几种：

（1）电击伤害

接触高压电流可能导致电击伤害，损害神经系统和肌肉，甚至导致心搏骤停。电击还可能造成灼伤、严重疼痛和肌肉痉挛，并且足够高的电压还会导致心脏纤颤，造成心搏骤停和死亡。

（2）火灾和爆炸

在某些情况下，高压电流的释放会引发火灾或爆炸，特别是当电流穿越易燃物质或者导致设备损坏时。

（3）环境危险

高压电流还可能对周围环境造成破坏，如引发火灾、损坏设备或结构等。

当出现高压电触电事故时应立即采取以下应急处置措施：

（1）立即通知有关部门停电。

（2）戴上绝缘手套，穿上绝缘鞋，用相应电压等级的绝缘工具断开开关。

（3）抛掷裸金属线使线路接地，迫使保护装置动作，断开电源。注意抛掷金属线时要先将金属线的一端可靠接地，然后抛掷另一端，注意抛掷的一端不可触及触电者和其他人。

在抢救过程中，要遵循下列注意事项：救护人员必须使用适当的绝缘工具；用一只手操作，以防自己触电；当触电者在高处的情况下，应防止触电者脱离电源后摔伤。

82. 电梯出现故障时如何进行应急处置？

在电梯出现故障时，保持冷静是最重要的，尽量让自己稳定下来，以便更好地应对紧急情况。

（1）按下紧急报警按钮

电梯内一般都会配备紧急报警按钮，当电梯出现故障时，要在第一时间按下该按钮，以通知维修人员或电梯管理人员，他们会提供进一步的帮助和指导。

（2）使用应急电话

电梯内一般配备有应急电话，通常位于控制面板或壁挂位置，通过拨打该电话，向相关人员报告故障情况，并提供所在楼层和电梯编号等信息，这样可以加快维修进度和减少滞留时间。

（3）等待维修人员

在电梯出现故障后，维修人员接到通知会尽快赶到现场进行处理，此时，应耐心等待，避免随意尝试打开电梯门或试图自行解决问题。如果条件允许，可以尝试与外界保持联络，了解维修进展。

（4）不要轻易尝试爬出或破坏轿厢门

在电梯出现故障的情况下，切勿尝试从电梯顶部爬出或用力破坏轿厢门，这样的行为无疑会增加风险，应等待专业的维修人员采取相应措施。

83. 发生雷暴时如何进行应急处置？

雷暴是一种天气现象，包括雷电、闪电、雷鸣和降雨。这种天气通常伴随大气中强烈的对流活动，产生强烈的电荷分离，导致空气中产生电弧放电，即闪电。雷暴通常发生在暖空气迅速上升并与较冷空气交汇的地方，这种对流使水蒸气迅速凝结成云，并伴随着能量释放。

（1）雷暴的特征

1）雷电和闪电。产生于云与地面或不同云层之间的电荷分离，导致放电现象。这些放电产生了闪电并伴随着巨大声响的雷鸣。

2）强降雨。雷暴伴随着剧烈的降水，有时候会伴随着冰雹或强风。

3）气温和湿度变化。雷暴往往在气温和湿度迅速变化的环境中形成，通常在炎热潮湿的天气后出现。

（2）发生雷暴时的应急处置

雷暴可能会带来危险，比如雷击、洪水、冰雹和风暴等。因此，人们在雷暴发生期间需要特别小心，并应采取安全措施以保护自己和财产。对于雷暴的应急处置应该注意以下几点：

1）留在室内。在室外的工作人员，应躲入建筑物内。

2）切勿游泳或进行其他水上运动，发生雷暴时应离开水面及时躲避。

3）不要使用电话或其他带有插头的电器，如计算机等。

4）切勿接触天线、水龙头、水管、铁丝网或其他金属物体，不要用花洒淋浴。

5）切勿站立在山顶上或接近导电性强的物体。树木或桅杆容易被雷电击中，应尽量远离。雷电击中物体后，电流会经地面传开，因此不要躺在地上，潮湿地面尤其危险，应该蹲着并尽量减少与地面接触的面积。

6）远足及其他户外活动人士，应随身携带通信设备，不断留意最新天气预报，如暴雨会随时出现，切勿在河流、溪涧或低洼地区逗留。

7）驾驶人员驾车经过高速公路或天桥，应提防强劲阵风吹袭。

84. 发生地震时如何进行应急处置？

地震是地球表面或地下岩石层突然释放能量所导致的地球震动。这种震动通常由地壳内部岩石的断裂和位移引起。地球的外部由地壳、地幔和地核组成，而地震通常发生在地壳层内。地震可能造成的破坏包括建筑物倒塌、土地滑坡、火灾和洪水等。面对地震时的应急处置应该注意以下几点：

（1）保持镇静

在地震发生时，要保持镇静，不要惊慌失措。如果在公共场所，应听从现场工作人员的指挥，前往安全的地方避难。

（2）就地避震

如果在室内，应躲避在桌子下、床下或墙角处，避免站在门口、窗户旁等地。如果在户外，应远离高楼、树木、电线杆等高大物体，尽量站在开阔的地方。

（3）撤离要迅速

一旦地震停止，应立即撤离现场。如果在室内，应尽快前往安全的地方，如楼梯、走廊等。撤离时要避免使用电梯，以免停电或电梯损坏被困。

（4）做好个人防护

在地震发生时，要用手或物品遮住头部和口鼻，以免灰尘和碎物进入呼吸道。

（5）避免使用明火

在地震发生时，避免使用明火，以免发生火灾。

85. 发生台风时如何进行应急处置？

台风是一种强烈的热带气旋，是指在热带地区海域上空形成的强大风暴系统，通常伴随着低气压中心、强风和暴雨。台风的风力往往非常强劲，可伴随着巨大的风暴潮和猛烈的降雨。台风一旦出现往往会造成巨大的经济损失，在严重时会威胁人们的生命安全。发生台风时应进行以下应急处置：

（1）人员转移

发现危险时，应坚持先救人、后抢物的原则，切实做好人员（特别是幼儿）的安全转移工作，按计划有序组织转移，尽量避免伤亡事故的发生，确保安全。灾害发生时，幼儿园应将师生转移到坚固的大楼，保持梯道畅通，人员转移应根据就近的原则，提倡相互帮助。

（2）应急响应

如果进入特别紧急防风状态，应停止所有作业和外出。人员应尽可能待在安全的地方，锁紧屋内的门窗，远离挡风门窗。应急指挥中心随时准备启动抢险应急预案。当台风中心经过时，风力会减小或静止一段时间，切记强风将会突然吹袭，应继续留在安全处避风。一旦出现险情，迅速组织抢险救灾，并及时向上级和有关部门报告，寻求支援。抗台期间，如发生生产安全事故，应及时向上级和有关部门报告，按有关规定对事故进行妥善处理。

（3）终止处置

建设工程现场如遇台风，在台风过后，当风力降到 8 级以下时，后勤保障组应迅速组织人员驾车巡视全工程现场；当风力达到 6 级以下时，应徒步巡视项目工地各个角落，寻找是否有伤员。

86. 发生山体滑坡时如何进行应急处置？

山体滑坡是指山体斜坡上某一部分岩土在重力（包括岩土本身重力及地下水的动静压力）作用下，沿着一定的软弱结构面（带）产生剪切位移而整体向斜坡下方移动的作用和现象。山体滑坡俗称“走山”“垮山”“地滑”“土溜”，是常见地质灾害之一。发生山体滑坡时的应急处置措施如下：

（1）不能选择滑坡的上坡或下坡作为避难场地。撤离时，最佳方向为山坡两侧稳定区域。

（2）遭遇滑坡时，应垂直于滑坡下滑的方向撤离到附近的安全地带。当遭遇高速滑坡无法逃离时，不能慌乱，在滑坡呈整体滑动时，可原地不动或抱住身边的大树等随其下滑。

（3）当崩塌体积较小，逃跑不及时，应迅速抱住身边的树木等固定物体躲避在结实的障碍物下，并注意保护好头部，防止滚石伤害。切不可顺着滚石方向往山下跑，不要停留在凹坡处。

（4）被困时，及时用各种方式向外界发出滑坡报警和求助信息。

相关链接

山体滑坡有以下几种前兆：

（1）滑坡前兆。在滑坡前缘坡脚处，有堵塞多年的泉水复活现象，或者出现泉水突然干枯、井水水位突变等异常现象。

（2）在滑坡体中。前部出现横向及纵向放射状裂缝，反映了滑坡体向前推挤并受到阻碍，已进入临滑状态。

（3）滑坡之前。滑坡体前缘坡脚处，土体出现上隆现象，这是滑坡明显的向前推挤现象。有岩石开裂或被剪切挤压的声音。这种现象反映了山体深部变形与破裂。动物对此十分敏感，有异常反应。

（4）临滑时。滑坡体四周岩体会出现小型崩塌和松动现象。如果在滑坡体有长期位移观测资料，那么在临滑时，无论是水平位移量或垂直位移量，均会出现加速变化的趋势。这是临滑的明显迹象。滑坡后缘的裂缝急剧扩展，并从裂缝中冒出热气或冷风。在滑坡体范围内的动物惊恐异常，植物形态改变，如猪、狗、牛惊恐不宁，不入睡，老鼠乱窜不进洞。树木枯萎或歪斜等。

87. 发生沙尘暴时如何进行应急处置？

沙尘暴是中国西北地区和华北北部地区出现的强灾害性天气，可造成房屋倒塌、交通供电受阻或中断、火灾、人畜伤亡等，污染自然环境，破坏作物生长，给国民经济和人民生命财产安全造成严重的损失和极大的危害。因此发生沙尘暴时，要提前做好以下措施：

（1）待在室内，地下室是最安全的。关好门窗，远离窗口，避免玻璃破碎伤人。妥善放置易受沙尘暴损坏的室外物品。抵抗力较差的老年人、婴幼儿以及患有呼吸道过敏性疾病的人群，更应该待在门窗紧闭的室内。

（2）如果在室外，要远离树木、广告牌和临时建筑物，蹲靠在能避风沙的矮墙处，趴在相对高坡的背风处，或者抓住牢固的物体，绝对不要盲目躲避，以免发生危险。

（3）在沙尘暴退去前，户外作业人员应暂时停止作业。在电线杆、房屋倒塌的紧急情况下，应及时切断电源，防止触电或引起火灾。

（4）如果必须在室外活动，可用湿毛巾、纱巾防护面部，最好穿戴防尘服、手套、面罩、眼镜等物品，以免沙尘侵害眼睛和呼吸道。尘土迷眼时千万不要揉，回到房间后应及时清洗面部。

（5）要多喝水，多吃清淡食物。此外，也可在室内使用空气加湿器，以保持室内空气清新适宜。

（6）一旦发生慢性咳嗽伴咯痰或气短、发作性喘憋及胸痛时，应尽快就诊。

（7）受强沙尘暴影响地区的机场、高速公路、轮渡码头要注意暂时封闭或停航。开车、骑车要减速慢行，尽量避免骑自行车。机动车应谨慎驾驶，密切注意路况。

88. 发生洪涝时如何进行应急处置?

洪涝是指因大雨、暴雨或持续降雨使低洼地区淹没、渍水的现象。洪涝主要危害农作物生长，造成农作物减产或绝收，破坏农业生产以及其他工作的正常进行。洪涝的影响是综合性的，不仅会造成环境破坏、水源污染，还会引发传染病，危及人的生命财产安全，影响国家的长治久安。因此，发生洪涝时，应采取以下防洪措施：

（1）洪水来临时，要关闭电源，尽快撤到高处避险，立即发出求救信号。为防止洪水涌入室内，最好用装满沙子、泥土和碎石的沙袋堵住大门下面的所有空隙。如预料洪水还要上涨，窗台外也要堆上沙袋。不要轻易游泳转移，以防被洪水冲走。

（2）如果时间充裕，根据预警信息，应按照计划路线有组织地向山坡、高地等安全地带转移。

（3）被围困于低洼处或木结构住房时，如洪水持续上涨，应注意在自己暂时栖身的地方储备食物、饮用水、保暖衣物等生活必需品。利用通信工具向当地政府和防汛部门报告受困情况，寻求救援。无通信条件时，应以来回挥动颜色鲜艳的衣物等方式不断向外界发出紧急求救信号，让救援人员更容易发现。

（4）在受到洪水包围，暂避的地方已难自保的情况下，要充分利用准备好的救生器材逃生，或者迅速找一些门板、桌椅、木床、大块的泡沫等能漂浮的材料扎成筏逃生，从水上转移。

（5）千万不可游泳逃生，不可攀爬带电的电线杆、铁塔，也不要爬到泥坯房的屋顶。高压线铁塔歪斜、电线低垂或折断时，远离避险，不可触摸或者接近，防止触电。

（6）不要在下大雨时骑自行车。雨天汽车在低洼处抛锚，千万不要在车中等候，要及时离开汽车到高处等待救援。如果车辆在涉水行驶过程中熄火，应在水位还未完全涨上来前，快速撤离危险区域。

（7）如被卷入洪水中，首先要保持镇静，尽量抓住水中漂流的木板、箱子、衣柜等物，寻找机会逃生。如果离岸较远，周围又没有其他人或船舶，就不要盲目游动，以免体力消耗殆尽。

89. 中暑时如何进行应急处置?

中暑是在暑热天气 、湿度大及无风环境中，病人因体温调节中枢功能障碍、汗腺功能衰竭或水、电解质丧失过多而出现相关临床表现的疾病。在长时间暴露于高温环境下后，出现头痛、头晕、口渴、多汗等症状，最初体温正常或略升高。核心体温持续上升达到 38 ℃以上时除上述症状外还会有面色潮红、大量出汗、皮肤灼热、四肢湿冷等情况。中暑的预防措施如下：

（1）移离

迅速将患者移至通风、阴凉、干爽的地方，使其平卧并解开衣扣，松开或脱去衣服，如衣服被汗水湿透应更换衣服。

（2）降温

降温的方法有物理和药物两种。物理降温简便安全，通常是在患者颈项、头顶、头枕部、腋下加置冰袋，或用凉水加少许酒精擦浴，一般持续半小时左右，同时可用电风扇向病人吹风以增加降温效果。有条件的也可用降温毯给予降温。药物降温效果比物理方式好，常用药为氯丙嗪，但应在医护人员的指导下使用。不要快速降低患者体温，当体温降至 38 ℃以下时，要停止一切冷敷等强降温措施。

（3）补水

患者仍有意识时，可给一些清凉饮料、0.3% 的冰盐水或十滴水、人丹等防暑药。在补充水分时，可加入少量盐或小苏打水，或静脉滴注 5% 葡萄糖盐水。但千万不可急于补充大量水分，否则会引起呕吐、腹痛、恶心等症状。

（4）促醒

病人若已失去知觉，可指掐人中、合谷、涌泉、曲池等穴，促其苏醒。若呼吸停止，应立即实施人工呼吸。

（5）转送

对于重度中暑病人，必须立即送医院诊治。搬运病人时，应用担架运送，不可使患者步行，同时运送途中要注意以保护大脑、心肺等重要脏器。

90. 癫痫病发作时如何应急救护？

高风险工作环境，长期压力和紧张、不规律的作息时间以及高强度的工作环境可能导致从业人员癫痫病突然发作，这一病症会严重影响人体生理机能和逻辑思维，一旦发作，可能导致机械事故、坠落事故、危险化学品泄漏事故及火灾爆炸事故等生产安全事故。

癫痫病发作时的急救措施主要包括以下内容：

（1）就地平卧

患者癫痫病发作时，要及时清理其周边的危险物品，帮助患者就地平卧，避免摔伤或碰伤，注意安全。

（2）保持呼吸道通畅

平卧后使患者头偏向一侧，及时清理口腔和鼻腔的分泌物，避免误吸或者发生呛咳等，保持呼吸道通畅。

（3）避免舌咬伤

可以选择软毛巾垫于患者上下齿之间，避免发生舌咬伤的情况。

（4）松开衣领

松开患者的衣领、领带，解开或脱掉紧身衣服，使患者可以顺畅呼吸，以免出现呼吸困难的情况。

（5）使用抗癫痫的药物

癫痫病发作期间须使用抗癫痫的药物。癫痫病发作时，患者还可能会出现高温不适的现象，如果出现这种情况要及时给予物理降温措施，促进体温的消退。出现高温现象时若不及时给予物理降温，容易引发脑水肿和肺部感染。

（6）记录病情

家属应记录患者的发作时间、发作症状，以便医生进一步诊断和治疗。建议癫痫病患者平时要注意规律服药，避免停药或者漏服。平时要保持心情舒畅，戒烟戒酒，避免不良因素影响，在生活中要养成良好的生活习惯和饮食习惯。

91. 哮喘发作时如何进行应急救护？

工作人员易在长期暴露于空气污染、化学物质或过敏原的情况下患哮喘，如企业工人、农民或实验室人员。哮喘发作可能导致生产安全事故，因呼吸困难影响工作人员的注意力和反应能力，如操作机器或驾驶车辆。晕厥或意识丧失可能导致坠落事故，而在有危险化学品泄漏的环境中，哮喘发作会加剧危险。

突发哮喘时，不要惊慌失措，应该立即采取正确的急救措施：

（1）矫正姿势

当病人在野外或者其他地方发生哮喘时，最好使病人采取端坐体位或半卧位，应该让患者自己将腰部往前倾。然后救护人员将其脖子上面的纽扣解开，因为如果脖子被束缚得过紧，不利于病人的呼吸。

（2）确保供氧

中度哮喘、重度哮喘发作时，由于患者的呼吸道阻塞，肺泡通气不舒畅，导致机体严重缺氧，这个时候必须及时向体内补充大量的氧气。如果患者出现了呼吸困难，嘴唇、指甲变青紫时，应该尽快给吸氧，可以缓解病人的缺氧状态。如果周围围观人员很多，应尽早疏散，尽量保持周围的环境安静，要避免由于嘈杂的环境，导致病人出现焦虑和不安的情绪。

（3）使用气雾剂

一般情况下哮喘患者都会随身携带气雾剂，病情发作时可以给患者使用，这样可以有效缓解其病情。哮喘患者平时一定要随身携带适当药物，这样当自己出现问题时也可以及时救治，如果救治不及时，对身体会产生很大伤害。

（4）向急救中心求救

在急救的同时，如果患者的病情比较严重，要尽快拨打“120”急救电话，向急救中心求救，请医生前来救治，等患者情况稳定之后再将病人送到医院进行救治。

（5）平稳运送

运送患者时防止颠簸，避免患者的胸部受压，影响患者的呼吸。

相关链接

在众多的呼吸系统疾病当中，哮喘是常见而且危险性比较高的一种，在日常生活当中，也要加强防范工作。预防哮喘发作需注意避免吸入过敏原或进食导致过敏的食物、预防呼吸道感染、避免吸入冷空气或刺激性气体等措施。

（1）避免吸入过敏原或进食导致过敏的食物

过敏是诱发哮喘发作的主要原因之一，如果吸入花粉或进食海鲜等食物，可能会诱发哮喘，应避免这些情况。

（2）预防呼吸道感染

呼吸道感染也可导致哮喘急性发作，所以需注意防寒保暖，以预防感染的发生。吸烟是导致哮喘发作非常重要的一个因素，患者自己千万不能吸烟，同时也不要在有二手烟的环境当中。

（3）不要过于紧张激动

人在紧张激动的情况下换气，可能会使大脑的神经受到影响，也可能会诱发哮喘。

（4）谨慎用药

有一些药物可能会引发哮喘，导致患者的呼吸道狭窄，所以对于阿司匹林、含碘的造影剂等还需要谨慎使用。

（5）不要进行过于剧烈的运动

剧烈运动可能会导致胸闷、气短、咳嗽、咳喘等症状发作，如果得不到有效的缓解，患者的生命将会受到威胁。

（6）注意观察天气的变化

哮喘一年四季都可能会发作，但是在寒冷的冬季发作的次数和危险会更高，因此还要注意观察气候的变化，加强防寒保暖等工作。

92. 突发脑卒中时如何应急救护？

高压力、高强度的工作环境下，如长时间的工作压力、频繁地加班、缺乏运动等情况可能导致从业人员突发脑卒中。脑卒中发作会导致工作中突发意识丧失、肢体无力等症状，增加生产安全事故的风险。例如，操作机器或驾驶车辆时突发脑卒中可能导致操作失误。此外，高温、高湿度的工作环境也可能诱发脑卒中，如建筑工地、矿山等。

脑卒中具有发病率高、致残率高、死亡率高和复发率高的“四高”特点，其发病急、病情进展迅速、后果严重。因此，及时发现卒中的早期症状极其重要，越早发现、越早诊治，治疗和康复效果也就越好。因此，当突发脑卒中时，急救措施如下：

（1）拨打“120”急救电话，请专业急救医生进行必要的处理后，安全、迅速地把患者送往医院。检查其生命体征情况，如呼吸和心跳已经停止，要马上施行心肺复苏术。

（2）患者意识清楚，可让其仰卧，头部略向后，以开通气道，不需垫枕头，要盖上棉毯以保暖。寒冷会引起血管收缩，所以要保持室温暖和，并注意室内空气流通。对于失去意识的患者，应维持仰卧体位，以保持气道通畅，不要垫枕头。

（3）在等待过程中要把患者放平，尽量减少搬动，将其袖子、领口解开，防止因衣服过紧引发呼吸困难，保持呼吸道通畅。

（4）如果病人呕吐，嘴内有呕吐物，一定要把患者的头侧向一边，将呕吐物吐到旁边，保持呼吸道通畅，避免抑制呼吸。

（5）脑卒中患者抽搐时，迅速清除患者周围有危险的东西。用手帕包着筷子放入患者口中，以防抽搐发作咬伤舌头。切忌对脑卒中患者摇晃、垫高枕头，前后弯动或捻头部以及按压人中，否则很有可能造成患者窒息。

（6）对于急救药物，如病人之前有冠心病病史，要视情况而定，不要随意用药，等待急救人员到来，告知患者的既往病史即可。脑卒中多数是在家中发病，所以脑卒中发生以后，脑卒中的急救及时性是影响脑卒中治疗效果的关键因素。

知识学习

脑卒中俗称中风，包括缺血性脑卒中（又称为脑梗死）和出血性脑卒中（包括脑实质出血、脑室出血以及蛛网膜下腔出血）两种，是大脑细胞和组织坏死的一种疾病，具有明显的季节性，寒冷季节发病率更高。同时，一天内发病的高峰通常是临近中午的一段时间，需要格外引起注意。

缺血性脑卒中在发病前，可能会出现短暂性的肢体无力；也可能在没有症状的前提下突然发生脑梗死，然后出现一系列症状，如单侧肢体无力或麻木、单侧面部麻木或口角歪斜、言语不清、视物模糊、恶心呕吐等。而出血性脑卒中的典型症状，常表现为头痛、恶心、呕吐、不同程度的意识障碍及肢体瘫痪等。

93. 发生航空事故时如何进行应急处置？

航空事故发生时的应急处置包括以下几个方面：

（1）信息报告

事故发生后，要立即报告指挥中心和上级有关部门，通知应急救援部门。报告内容应简明扼要，包括事故的性质、等级、机型、机号、航班号、时间、地点等情况，并做好完整、准确的记录。

（2）紧急通知

在航空事故发生时，首先要通知民航部门、公安机关、医疗卫生部门等相关部门，迅速组织应急救援力量赶赴现场，并做好现场秩序维护工作；一旦发生航空事故，机长应立即广播通知乘客，并使其保持冷静，按照机组人员的指示采取行动。遇空中减压时，按正确方法戴好氧气面罩。应将眼镜和假牙摘掉，衣裤袋里的尖利物品（如钢笔等）都应丢进垃圾袋，女士应脱去高跟鞋。飞机紧急着陆和迫降时应弯腰，双手在膝盖下握住，头放在膝盖上，两脚前伸并紧贴地板。

（3）紧急疏散

飞机因故紧急着陆和迫降时，在机上人员与设备基本完好的情况下，要听从工作人员指挥。如果需要紧急疏散飞机，机组人员应指导乘客迅速撤离机舱，迅速而有秩序地由紧急出口滑落地面，尽量利用逃生滑梯或其他逃生装置，避免混乱和拥挤。

（4）灭火

如果飞机发生火灾，机组人员应立即采取灭火措施，使用灭火器或其他灭火装置进行扑救，以尽早控制火势。舱内出现烟雾时，应把头弯到尽可能低的位置，屏住呼吸，用水或饮料浇湿毛巾、手帕，捂住口鼻后再呼吸，然后弯腰或爬行到出口。

（5）救生艇使用

如果飞机降落在水中，无篷小艇会自动充气，停放在机翼上。人还在机内时，不要给救生衣充气，以免无法通过机门。直到身在水中，立即通过套环气嘴将救生衣充气，然后登上小艇。乘客需尽快撤离飞机，避免溺水事故的发生。

（6）迫降

飞机着陆之前系紧安全带，与邻边旅客挽起手臂，下颌贴紧胸部，斜靠在折叠毛毯、大衣及垫背上。如果允许，腿部可以与邻座相互依靠，撑稳以防撞击。等到飞机最终停稳时，遵循指示迅速从飞机上撤离。如果飞机着陆在地面，应迅速远离着陆地，因为飞机会有起火或爆炸的危险。即使没有起火，也应远离飞机直至发动机冷却并等待溢出的航空燃料完全挥发。

总之，航空事故是非常严重的事件，需要各个部门的密切配合和协作，才能够在最短的时间内采取最合适的措施，保障现场安全，提高救援效率，避免更大的损失。